틀 밖에서 만나는
우리 아이 진짜 미술

틀 밖에서 만나는 우리 아이 진짜 미술

초판 1쇄 인쇄 2024년 11월 01일
1쇄 발행 2024년 11월 15일

지은이 김민영

총괄기획 우세웅
책임편집 김은지
표지디자인 김세경

종이 페이퍼프라이스㈜
인쇄 ㈜다온피앤피

펴낸곳 슬로디미디어
출판등록 2017년 6월 13일 제25100-2017-000035호
주소 경기 고양시 덕양구 청초로66, 덕은리버워크 지식산업센터 A동 15층 18호
전화 02)493-7780 **팩스** 0303)3442-7780
홈페이지 slodymedia.modoo.at **전자우편** wsw2525@gmail.com

ISBN 979-11-6785-233-5 (03590)

글 ⓒ 김민영, 2024

일러두기

· 책 속에 어린이 이름은 본명과 가명이 함께 사용되었습니다.

· 책 속에 사용된 사진은 내용을 효과적으로 전달하기 위해 동의를 받고 제한적으로 사용했습니다.

· 책의 저자 수익금은 기아대책의 어린이를 위한 후원금으로 사용됩니다.

생각하고 창조하는 아이로 자라는 미술교육의 힘

. 틀 밖에서 만나는 .

우리 아이
진짜 미술

김민영
지음

설렘

20년간 미술의 가치를 글과 말로 전하는 미술교육자로 살아오면서 가장 크게 성장했다고 느낀 순간은 어린이와 함께 미술을 나눌 때였다. 김민영 선생님 역시 미술교육이라는 여정을 통해 과거와 미래를 잇는 중요한 연결 고리를 발견했다. 우리는 어린이의 눈을 통해 세상을 새롭게 바라보고, 그들의 손길을 따라가며 우리 내면의 깊이를 다시금 깨닫는다. 이 책은 한 엄마이자 미술교육자로서의 성장 일기이며, 진정한 미술교육을 고민하는 이들이라면 반드시 읽어야 할 성찰의 기록이다. 김민영 선생님의 여정은 결국 우리 모두의 여정이기도 하다.

이소영

미술 에세이스트, 조이뮤지엄·어린이현대미술교육연구소 빅피쉬아트 대표 미술이라는 영역은 삶을 참 아름답고 풍요롭게 해준다. 이런 미술을 '교육'이 아닌 풍요로운 삶을 만들어줄 원동력 또는 나의 표현 수단으로 순수하게 접근할 수 있는 시기가 영·유아 시기인 것은 잘 알려져 있고, 이론도 국내외로 많이 연구되어 왔다. 하지만 내 아이에게 미술 할 환경을 조성해주거나, 어떤 선생님께 미술교육을 맡겨야 할지에 대한 구체적 지침은 찾기 어려웠던 것 같다. 이에 저자는 미술과 미술교육 연구 그리고 육아와 현장에서의 시행착오를 통해 축적한 노하우와 방향성을 읽기 쉽게 풀어내어 이정표를 제시하고 있다. 그간 저자의 곁에서 어린이 미술에 대한 성장 과정을 지켜보며 때로는 감탄했고, 내 아이가 어린이 미술을 경험할 수 있어서 감사했다. 이 책을 통해 더 많은 아이가 '진짜 미술'을 할 수 있는 계기가 될 수 있길 바란다.

임미진

중학교 미술 교사, '도화지는 생각중' 조하준 어린이 학부모

2018년부터 내 일터의 원장님이자 동료로 지금까지 함께 일하고 있다. '도화지는 생각중'에서 미술 교사로 일하며 연애, 결혼, 출산, 육아를 모두 경험한 나는 나와 내 아들이 함께 가고 싶은 길을 원장님과 주호를 통해 미리 그려보곤 한다. 미술교육 이론 공부, 현장에서의 생생한 수업, 좌충우돌(?) 주호 육아를 모두 해내고 있는 원장님을 옆에서 지켜보며 배우고 응원하며 함께 시절을 보내고 있어 기쁘다. 가까이에 본받을 사람이 존재한다는 건 참 소중하고 귀하다. 현장과 이론을 연결하는 공부하는 원장, 진짜 미술 선생님, 제대로 된 미술교육을 해주고 싶은 부모가 되고 싶다면 이 책을 읽어보길, 온 마음으로 추천한다.

김성진
'도화지는 생각중' 부원장, 4세 아이의 엄마

: 엄마가 되고 나니,
어린이가 다시 보였다

       초등학교 시절, 미술학원에서 풍경화를 그리는 시간. 도화지의 반을 접어 선생님이 한쪽에 나무를 그려주시면 나는 나머지 한쪽에 선생님의 나무를 따라 그리고는 했다. 나의 나무인지 선생님의 나무인지 모를 정도로 똑같이 그렸다. 선생님은 잘했다고 했다. 그 후 나의 그림은 조금씩 변화했지만, 나무만은 선생님이 가르쳐준 방식에서 벗어나지 못했다. 즉, 나의 어린 시절 미술은 개인의 고유한 개성적 표현보다는 선생님의 기술이나 모범 샘플을 연습하는 미술이었다. 이것을 미술로 알고, 입시를 치르고 미술 대학을 졸업했다.

  대학에서 본격적으로 자신의 작품 세계를 연구하며 붓을 놓지 않는 사람도 있지만, 그렇지 않다면 나처럼 틀에 박힌 그림을 그릴 경향은 높다. 내 그림은 내 세계를 연구하지 않은 채, 그렇게 탄생하고 저버렸다. 그러다 미술 교사가 되어서는 한 번도 받아본 적 없는 창의미술교육을 해야 했다. 정답이 없는 미술이라는 과목에 인간을 다루는 학문인 교육이 붙다니…. 이건 어떻게 가르치는 건가. 감히 가늠되지 않

8

았다. 자주 미술 교사가 어려운 직업이라 생각했다.

 엄마가 되기 전에 나는 어린이에 별 관심을 두지 않은 채 '가르치는 자 중심의 교육'을 했다. 솔직하게는 '일의 완성'을 목표에 두었다. 그런 내가 엄마가 되었다. 엄마가 되고 나니, 어린이가 다시 보이기 시작했다. 엄마 이전에는 보이지 않았던 어린이의 세계였다. 아들 주호를 통해, 혁명같이 나의 세계는 확장되었다. 어린이의 본능과 창조성을 알게 되었고, 책에 담긴 학자의 말이 무엇인지도 어렴풋이 보이기 시작했다.

 2016년, 나는 어린이가 주도하는 미술을 하겠다는 다짐과 교육관을 바탕으로 미술학원을 열었다. 그러나 책에 나온 이상적인 미술은 현장에서 자주 무너졌다. 아이들이 주도적으로 상상하고 생각하고 그림을 그리면 좋으련만, 현실은 달랐다. 아이들은 주도적이지 않았고, 엄마들은 원하는 미술이 있었다. 딜레마에 빠졌다.

 교사중심 미술교육을 하지 않겠다고 다짐했기에 아이들에게 자유롭게 재료를 선택하게 하고 작품의 끝을 정해보게도 했지만, 이것이 미술교육 같지는 않았다. 더구나 오픈 초기라 마케팅, 청소, 행정… 교육보다 신경 쓸 일이 학원에 존재했다. 우왕좌왕했다. 당시 나는 프로그램이라는 틀 없이 아이들을 가르칠 능력이 없었다. 교육 현장에서 발생하는 아이들의 개별적 상황을 이끌지 못했고, 결국, 과거와 다를 바 없는 재밌거나 결과물이 좋을 것 같은 프로그램을 검색해 미술교육(?)을 이어갔다. 헛헛함과 공허함이 밀려왔다.

이것이 미술은 아닌 것 같았다. 책을 폈다. 이론을 공부하고, 공부한 것을 현장에서 점검했다. 미술교육자들의 철학, 어린이 미술의 발달과 그림 세계, 미술 교사의 가르침, 미술에 대한 통념, 교육수요자인 부모의 기대 등… 공부한 것들을 현장에서 마주했고, 실행했다. 기쁘게 반성했다. 나는 이 생각들을 교사와 부모들에게 나누기 시작했다. 그리고 이를 글로 쓰기 시작했다. 미술교육학자 프란츠 치첵 F. Cizek은 어린이 그림의 가장 위대함은 '잘못된 부분'에 있다고 말한다. 나는 이런 '잘못된 부분'을 말하고자 이 책을 썼다. 이 책은 어린이 미술이 경이로워서 쓴 기록들이다. 그리고 어린이 미술을 세상에 알리고 싶은 마음에서 비롯했다.

『쓰고 잇고 읽는』의 박성열 작가는 자기 이야기를 세상에 널리 전파하려는 '분투하는 마음'이야말로 좋은 책이 지닌 첫 번째 조건이라고 했다. 부족한 필력이지만, 다행히 첫 번째 조건에는 부합했다. 내가 써야만 했던 마음은 이런 분투의 마음이다. 내가 탐색한 어린이 미술을, 어린이 미술을 탐색할 때마다 차오른 벅찬 마음을 세상에 내놓을 수 있어 후련한, 배설의 마음이다.

때가 되면 엄마들은 이렇게 말한다.

"이제 미술 그만하려고요. 공부해야 해서요.", "미술 전공할 것도 아니고, 재능도 없는 것 같은데 그만하려고요.", "미술… 왜 해야 해요?"

이런 말에 어떻게 대답해야 할까. 미술을 지속했을 때의 결과는 내면에 쌓일 뿐 당장 수치화되거나 보이지 않는다. 미술은 마음, 경험, 지식,

감각들이 총체적으로 섞이고 융합되어 표출되는 배설과 같은 것(글을 쓰며 내가 이 글을 쓰는 이유와 미술을 지속하는 목적이 같다는 결론에 이르렀다)이다. 시각화된 형식으로 배출되는 것. 그 방식은 모두 달라서 때론 창의성으로 발현되고, 때론 마음의 응어리가 풀려 치유의 경험을 주며, 때론 타인을 감동시킨다. 하나의 이론이 될 수도 있다.

자신의 내면을 본능적으로 내어놓는 것, 세상의 탐색을 표현하는 것, 나를 위한 것에서 타인을 향한 표현이자 세상을 향한 외침이 되는 것. 그것이 미술이다. 즉, 미술은 자아의 배설이고, 미술교육은 그것을 돕는 행위다.

나는 미술을 떠나보내는 어린이들이 안타까웠다. 이 책은 공부하기도 벅찬 하루를 보내는 어린이들이 왜 미술을 해야 하는지, 미술이 어린이에게 왜 필요한지를 위한 지침서이자, 어린이 미술과 어른이 해야 할 미술교육을 위한 안내서이다. 어린이, 교사, 부모님들이 나누어준 마음과 경험들은 이 책의 귀한 영감과 재료가 되었다. 나는 현장의 이야기로 어린이가 '어린이의 미술 할 권리'를 증명하고 싶다.

목차

PART 1 엄마, 미술 교사_다시 되기

PART 2 미술에 대한 시선_다시 보기

엄마, 미술 교사

_다시 되기

지금껏 어린이 미술을
도둑질해왔다니

나는 사실 출산 전까지 '별로'라고 생각하는 미술교육을 해왔다. 인생 최대 사건, 아이를 출산하기 전까지의 내 미술 교사로서의 계보를 생각해 본다.

본격적으로 미술 교사를 시작한 건 대학원생 때부터다. 첫 직장은 음악과 미술을 같이 하는 교습소였다. 음악은 원장님이, 미술은 내가 전담했다. 오후 2시부터 6시까지, 수업 시간은 내내 바빴다. 4~5명의 아이에게 그림을 설명하고 있으면 다른 아이가 오고, 가르치던 아이를 보내고 나면 또 다른 아이가 왔다. 시간 맞춰 앉히고, 가르치고, 입히고, 보내고, 자리 치우고… 다시 앉히기를 반복하다 보면 어느새 퇴근. 아이들이 시간 내 그림을 완성하지 못하면, 내가 나머지 그림을 (불편했지만) 채웠다. 원장님은 매일 한 장의 그림이 완성돼야 한다고 했고, 내게 주어진 미술 교사로서의 미션은 '하원 시간 지키기'와 '1일 1 그림'이었다.

두 번째 직장은 놀이학교. 인터넷에 검색해 결과물이 좋고 아이들이 재미를 느낄 것 같은 프로그램을 찾아 비슷하게 모방했다. 같은 양의 재료를 나누어주고, 같은 순서를 거쳐 완성하게 했다. 그게 미술이라 여겼고 반응도 나쁘지 않았다. 아이들도 좋아했기에 무언가 배워갔을 것으로 생각했다. 신기한 재료를 사용하기도 하고, 물감으로 한바탕 놀기도 했다. 수업 내내 지루할 틈은 없었다. 놀이인지 미술인지, 요리인지 미술인지, 영어인지 미술인지 헷갈리는 미술을 했다. 그때 내게 주어진 미술 교사로서의 미션은 '재미있는 미술 활동'과 '망침 없는 미술작품'이었다.

그렇게 미술 교사로 시간을 보내다가 내 미술 기관을 차렸다. 처음부터 미술을 가르칠 계획이 있어, 결혼 준비를 하며 집을 알아볼 때 홈스쿨을 열 수 있도록 아파트 1층을 계약했다. 현관에서 가장 가까운 방 하나가 내 소중한 일터였다. 나는 홈스쿨의 원장이자 유일한 교사였고, 내 집은 남편과 생활하는 공간이자 사업체였다.

유치부는 제법 좋아 보이는 프로그램명을 지어 놓고, 동화를 읽고 난 뒤 독후 활동으로 그림을 그리거나 자연 재료를 활용한 미술놀이를 했다. 초등부는 스킬 위주의 수업을 하며, 엄마들이 요청한 미술 대회를 자주 준비했다. 그런데 아이들은 아이디어 내는 것을 어려워하고 대회용 그림다운 스케치를 하지 못했다. 하는 수 없이 내가 샘플 작업을 해둔 뒤 그대로 연습하고, 다음날 학교에서 똑같이 그리게 했다. 대회 준비에 있어, 당시 나는 수업 시간을 넘겨 가며 열심이었고, 아이들에게는 열의가 있었으며, 엄마들도 대회를 위해 다른 학원 시간을 조정해가며 수업에 참여시켰다. 그렇게 모두가 열정적으로 임한(?) 덕분에 내 홈스쿨은 동네 초등학교에서 개최하는 상을 자주 휩쓸었다. 엄마들은 아이가 상을 받으면 연신 내게 과일이나 케이크를 선물했다. 그땐 내가 상을 휩쓴 건지, 아이들이 상을 휩쓴 건지를 따지는 게 중요치 않았다. 솔직히 학교에서 개최하는 과학상상화 대회, 캐릭터 그리기 대회, 불조심 포스터 대회가 동네 미술 교사들의 대회 같다는 생각까지 했다. 결과적으로 내 홈스쿨은 언제나 대기자가 있었고, 이만하면 잘 가르친 건가, 착각했다. 교육 철학이 부재한 나는 밀려드는 원생 덕분에 수업을 잘하는 교사라고 의심 없이 생각했다.

그런데 점점 이건 미술이 아닌 것 같았다. 찜찜했다. 무엇을 완성하는 건지도 모른 채 작품의 상을 만드는 미술, 왜 그려야 하는지 모른 채 손을 훈련하는 미술, 신기한 미술 재료와 기법에 빠져 그럴싸한 작품을 완성하는 미술. 그것이 어린이 미술을 아닐 테니까.

혼자 운영하는 외로움과 고독감도 컸다. 아이들과의 수업에서 오는 물음도 희로애락도 나눌 동료가 없었다. 살림과 일이 같은 공간에서 이루어지다 보니 아이들과 복작거리며 쉬지 않고 바쁘게 움직였으나, 쌓이는 것도 없이 소모되는 느낌이었다. 설렘까지는 아니어도 보람과 성취를 느끼고 싶었다. 일터이자 집인 이곳이 외로운 감옥 같았다.

'아이들이 더는 내게 오지 않으면 좋겠다….' 이런 마음이 들 때쯤, 더는 이 일을 할 수 없다는 걸 알았다. 좁은 새장에서 탈출하고 싶었다. 그것이 다른 새장 속일지라도. 갑자기 회사에 다니고 싶었다. 직장인. 나도 어딘가에 소속되고 싶다!

미술 교사업을 종료하고, 박물관과 미술교육회사에 취직해 신명 나게 일했다. 배움과 도전에 내 영역이 넓어지고 성장하는 느낌이 들었다. 즐거웠다. 그러나 일과 육아는 삐걱거리기 시작했다. 직장에 다니며 아이를 출산하고 복귀했지만 아이 곁에 엄마의 필요성은 점점 커졌다. 회사에 결근하거나 조퇴해야 하는 일이 빈번히 발생했고, 결국 사직서가 아닌 휴직계로 처리된 회사에는 영원히 돌아가지 못했다.

일과 육아의 갈림길, 어쩌면 많은 엄마의 모습일 것이다. 내 일을 지키고 싶었지만 나는 하는 수 없이 육아의 길을 선택했다. 그리고 그 육아의 길 덕분에 지난날 어린이 미술을 도둑질한, 내 실체를 맞닥뜨렸다.

사과의 속은 노랗고 겉은 빨개

아들 주호가 3~4세 때 무렵의 일이다. 주호가 동그라미를 하나 그리더니 노란색을 칠하고 바로 그 위에 빨간색을 덮어 칠했다. 무얼 그린 건지 알 수 없어서 물었다.

"주호야, 이건 뭐야?"
"사과."
전혀 사과로 보이지 않아 다시 물었다.

"이건 어떻게 사과야?"

"사과 속은 노랗고, 겉은 빨개!"

순간 머리를 쾅! 맞은 느낌이었다. 사과를 빨강으로 겉만 칠할 거라 뻔하게 생각했다. 사과의 속과 겉을 칠하는 광경. 내 물음에 확신에 차 대답한 아들의 목소리. 아들이 이미 많은 것을 알고 느끼고 솔직하게 표현한 그림을 몰라봐 주어 미안했다. 언제나 아들에게 무언가를 가르쳐야 한다는 마음이었던 '엄마' 그리고 '미술 선생님'으로서 부끄러웠다.

'모든 아이는 아티스트다!'라고 말한 피카소의 공기 같던 말이 온몸, 온 마음으로 내 안에 들어왔다. 피카소가 왜 그토록 아이처럼 그림을 그리고 싶어 했는지 알 것만 같았다.

그날, 아들이 그린 사과 그림은 나를 멈춰 세웠다. 뉴턴이 사과를 보고 만유인력을 발견한 것처럼, 나는 아들의 사과 그림을 보고 '어린이 미술'을 발견했다. 그렇게 진짜 미술이… 내게로 왔다.

미술학원을 열다

"나 미술학원 하려고." 미술학원을 열겠다고 하자 친구들이 말렸다. 학원 원장인 친구도 말렸고 학원 팀장인 친구도 말렸다. 힘들다고, 아이 키우면서 절대 못 한다고. 당시 나는 미술 교사 경험은 있으나 '학원'이라는 체제에 속해본 적이 없었다. 학원의 경영과 운영 면의 특성을 잘 알지 못했다. 그럼에도 불구하고, 미술은 내게 좋아하는 일과 잘하는 일의 유일한 교집합이었고, 학원 운영은 현실적으로 아이를 키우며 할 수 있는 일이었다. 나는 친정엄마의 도움을 받기보다 내 손으로 아이를 키우고 싶었다.

삼십 대라 체력이 좋았고, 아들이라는 존재는 교육 철학과 사업 마인드 모두를 잡아주기에 충분했다. 내게 미술교육을 알아가기에 출산은 적절한 사건이었고, 아이는 적절한 존재였다. 자연스럽게 미술교육의 중심을 교사에서 어린이로 옮길 수 있었다.

내 사업을 준비하는 건 무척 설렜다. 직장 생활이 내 생각을 백화점의 작은 매대에 올리는 것이라면, 학원 운영은 맨땅에 내 마음대로 설계한 집을 짓는 것과 같았다. 가장 중요하게 생각한 건, 직장인 모드를 교육자 모드로 전환하는 일. 어떻게 진실한 어린이 미술이 가능할지만 생각했다. 어렵진 않았다. 자동 생성된 모성애 덕분인지, 어린이가 더없이 중요해졌다.

나는 아동미술교육의 뿌리와도 같은 로웬펠드Victor Lowenfeld의 창의미술교육을 중심으로 어린이를 공부하기 시작했다. 아들 주호를 키우며 공부하니 어린이의 발달단계가 척척 이해되고도 남았다. 주호의 그림을 모아 분석하고, 책과 비교했다. 엄마가 되기 전에는 보이지 않았던 발달단계가 보였다. 발달단계가 보이니 아이들의 행동도 이해되었다. 발달단계와 맞지 않는 미술을 강요한 과거 내 모습이 민망하게 휙휙 스쳤다. 지난날 아이들을 얼마나 미숙하게 대했던가. 선생님이란 호칭을 민망히도 듣고 살았구나.

공부하며 서서히 프로그램 미술의 틀에서 나와 변화를 모색했다. 프로그램을 벗어난 미술에서는 교사가 어떤 철학으로 수업을 이끌어 가는지가 중요하다. 수업 과정 중에 교사와 아이 사이에서 벌어지는 일 자체가 미술교육의 핵심이기 때문이다. 그러다 보니 교수법을 고민하게 되었다. 어떻게 가르칠 것인가. 그간의 미술교육에서 벗어나 어떤 배치와 조합이 가능할지 탐구하고 싶었다.

학원을 세울 장소를 찾기 위해 여기저기 발품을 팔았다. 그렇게 연고지도 없던 신도시를 택하고 집도 이사했다. 황량한 땅바닥이 포장

되고, 신호등이 생기고, 아파트에 사람들이 입주하고, 상가가 완공되는 데에 맞춰 나의 사업도 만들어갔다. 주호를 어린이집에 보내고는 열심히 사업을 준비했다. 아이들이 머물 활력 있고 창의적인 공간을 만들기 위해 매일 노트북 앞에 앉아 자료를 모았다. 그리고 상가 계약과 인테리어, 각종 행정 서류, 리플릿, 상담자료, 미술 재료, 가전과 비품들, 강사 채용과 계약, 학원 신고까지 완료. 이쯤 되니 나의 미술교육 철학에 대응할 언어를 찾아야 했다. 슬로건이 필요했다. 어느 날 늘 사용하던 아이폰의 사과 모양 로고가 눈에 들어왔다. 이렇게 단순하고 깔끔하고 임팩트 있게 만들어보자. 언젠가 남편이 애플은 디자인할 때 없앨 수 있을 만큼 없애고, 급기야 불편할 정도로 디자인을 단순화시킨다고 했다. 그래서 고객에겐 강렬하게 '사과' 단 하나가 기억에 남는다고 했다. 완벽한 브랜드 시각화가 아닐까. 그런 게 내게도 필요했다. 나도 명료하고 간단하게 슬로건을 정했다. 아이주도, 아이미술!

'아이주도 아이미술'을 슬로건으로 내걸고 시작한 수업에 한동안 혼란도 있었다. 아이 자신이 창의적으로 표현하는 것이 과연 가능한 일인가, 아이가 미술을 주도하는 것이 가능한가, 어디까지가 아이 주도인가. 교사의 역할이 고민스러웠다. 아이가 마음대로 하는 것, 아이가 하고 싶은 것을 하는 것. 그것은 교육인가 방관인가. 이 지점을 잡아가는데 이상과 현실은 달랐다. 한 엄마가 말했다.
  "다 좋은데, 원장님. 이런 수업이 진짜 가능할까요?"
  생각해보니 그랬다. 매우 창의적인 교사와 매우 창의적인 아이에게만 이런 수업이 가능하지 않을까.

 아이 주도 개념은 교사의 역할이 중요하다. 만들어 둔 샘플대로, 계획해 둔 순서대로 스킬을 연습하는 수업 방식보다 더 많은 교사의 역할이 요구된다. 어린이 미술 표현의 다양성과 가능성을 열어두는 수업이기 때문이다. 교사는 아이에게 잠재해 있는 창의성을 끌어내고 자아표현을 할 수 있도록 수업의 과정을 지휘할 수 있어야 한다. 결과를 예측할 수 없는 수업이다. 미술교육학자 브렌트 윌슨 Brent G. Wilson 은 교습과 교육의 용어 차이를 다음과 같이 설명했다. 우선 교습은 '지식과 표현 기술을 소유한 교사가 학생들에게 일방적으로 정보를 전달하는 것'이다. 반면, 교육은 '학습에 대한 주도권이 교사에게서 시작하는 것이 아니라, 학생에게서 시작될 수 있으며, 다양한 잠재성을 가지는 것'이다. 그는 아이들의 주체성이 발현될 수 있는 새로운 미술교육을 꿈꾸었고, 특히 장소에 중요한 의미를 두며 교사들이 새로운 미술 교수법을 실천하기 위한 '제2, 제3의 미술교육 공간'이 필요하다고 말했다.
 나는 나의 학원이 제2의 미술교육 공간이 되길 원한다. 아이가 생각을 터놓고 스스로 재료를 선택하며 작품의 확장 여부를 결정하는 곳, 교사와 아이 간에 질문과 대화가 오가며 친밀함이 형성되는 곳, 작품을 만드는 과정도 작품이 되는 곳, 망치고 머뭇거리는 미술이 허용되는 곳, 부모와 교사가 예술 경험을 나눌 수 있는 곳. 틀의 경계를 넘나드는 미술교육을, 오늘도 나는 꿈꾼다.

문제 아들,
미술 처방 극복기

어린이집에서 전화가 오면 가슴이 쿵쾅댔다. '오늘은 주호가 또 누굴 물었지?' 계속되는 어린이집 사건. 주호가 다른 아이의 연약하고 몽글한 피부를 물었다고 생각하니, 미안하다는 표현만으로는 다 전달할 수도 없을 만큼 죄송했다. 어린이집에서 전화가 오면 이마에 주름이 한 줄 생기는 것 같았고 나는 그때마다 빵을 사 들고 가 물린 아이의 엄마에게 전달을 부탁하며, 사과했다. 점점 어린이집 등원은 스트레스가 되었다. 결국, 어린이집을 종료했다. 그만 미안해하고 싶었다.

출산 3개월 만에 복직한 나는 당연하게 아이를 친정엄마에게 맡기고, 퇴근해서는 남은 회사 일을 하느라 바빴다. 아이와 몸과 마음을 맞대며 시간을 보내지 못했다. 내 일만 하고 육아서 한 권 읽지 않은 불량 엄마였다. 당시에는 책 읽기를 좋아하지 않기도 했지만 '책까지

27

읽어가며 육아해야 하나?' 할 정도로 엄마로서 무책임하고 무지한 상태였다. 문제를 해결하기 위해 저명한 심리상담소를 찾다가 포기 반 나를 믿는 심정 반으로 주호와 함께 시간을 보내기로 했다. 사실 일을 쉰다는 것은 전혀 생각해보지 않은 그림이었다. 일이 없다는 게 싫고, 불편했다. 난 언제나 일을 통해 생기와 동기를 얻었다. 그만큼 일을 좋아했고, 늘 일이 우선인 엄마였다. 그런데… 나 자신만 채우느라 엄마로서 소홀한 내가 보이기 시작했다.

사직서를 내고, 아들과의 일상을 시작했다. 퇴근 후 잠깐 아이를 돌보는 것과 온종일 시간을 보내는 것은 천지 차이였다. 밥을 주고, 목욕시키고, 놀이터에서 놀고, 책을 읽어주고, 잠깐 쉬려면 뽀로로라도 보여주며 의식 같은 엄마의 의무를 다했다. 그런데 집은 왜 이리 종일 치워도 어질러져 있고, 밥때는 왜 이리 자주 돌아오는지. '신은 왜 인간을 세 끼나 먹도록 했을까? 하루 한 끼만 먹을 수 있다면 노동도 줄어들고, 쓰레기도 줄어들 텐데.' 별의별 생각을 하며 남편이 퇴근하는 시간만 기다렸다. 화가 나혜석은 자식을 '나의 살점을 떼어먹는 악마'라고 표현했다. 육아에 짓눌린 일상으로 바뀌며, 나혜석의 마음에 나의 모든 세포가 공감했다.

그러던 어느 날, 집에서는 사용하지 않았던 내 전공이 생각났다. '맞아. 난 미술 교사지.' 내가 주호와 미술을 하지 않는 건 심한 반칙 같았다. 주호와 미술을 시작했다. 낙엽을 주워 놀고, 낙서 같은 그림을 그리고, 신문지를 말아서 놀고, 솜을 가지고 놀고, 물감으로 놀았다. 그저 미술로.

인터넷에 미술놀이를 검색해 구하기 쉬운 재료와 청소가 감당되는 수준 정도에서 일을 벌였다. 놀이하는 순간, 나는 미술 교사가 되었고 주호는 나의 학생이 되었다. 시간을 억지로 흘려보낼 때보다 훨씬 재밌고 생기로웠다. 점점 20~30분 남짓 되는 미술 시간이 주호와의 달콤한 데이트가 되었다. 매일 밤 생각하며 잠들었다. '내일은 주호랑 뭘 할까.'

주호는 곧 안정된 모습을 찾았다. 대단히 열정적인 시간을 보낸 것도 아니고 일주일에 두세 번 미술놀이를 했을 뿐인데.

주호는 문제 아이가 아니라, 그저 엄마와의 시간이 필요했던 아이였다. 그때 일을 그만두지 않았다면 어떻게 되었을까. 미술로 보낸 시간이 아이의 이상행동을 멈췄으리라 확신한다. 미술놀이가 아이의 창조적 본능을 채워주고, 엄마의 사랑을 느끼게 해준 순간이었으리라.

미술놀이는 내가 전공자라 편했을 수도 있지만, 사실 유아기 미술놀이의 수준은 전공자의 실력을 요구하지 않는다. 아이를 모르는 전공자보다 아이를 아는 엄마가 훨씬 훌륭한 선생님이다. 아동중심 미술교육학자들은 '어린이는 창의성을 타고난다'라고 말하며, 어른은 아이의 미술을 방해하지 말아야 한다고 했다. 나 역시 아이가 미술로 놀도록 (집이 어질러지는 걸 감당해야 하지만) 간섭하거나 훼방하지 않았다. 안전하게 놀도록 보호하며 시간과 재료를 마련해주었다. 이제 초등학교 5학년이 된 주호에겐 일주일에 한 번 미술을 챙긴다.

이것은 내가 미술을 업으로 삼고 있어서만이 아니다. 아이가 미술로 건강하게 자라길 바라는 엄마의 마음에서다.

그림에는 마음이 투영된다. 말로 표현하기 어려운 것들이 미술 활동을 통해 불쑥 나온다. 마음이 이미지로 시각화되고, 방어기제가 자연스럽게 풀린다. 미술은 공부와 달리 작업하면서도 대화 나눌 수 있기에 학습으로 지친 뇌를 달래준다. 미국 드렉셀대학의 기리자 카이말Girija kaimal 교수는 그림을 그리거나 만드는 활동이 스트레스 호르몬인 코르티솔을 낮춰준다고 발표한 바 있다. 즉, 폭력적이고 공격적인 내용을 그리는 것만으로도 공격성이 해소될 수 있다. 그러니 미술을 활용해보자. 미술은 부작용이 없는 가장 안전한 약이니까.

미술 해소 레시피: 수학 도시 파괴

수학 문제를 푼 연습장을 찢은 다음
테이프를 붙여 건물 모양을 만든다.

다 푼 연습장을 찢을 때의
기분을 최대한 만끽한다.
내친김에 다른 종이를 덧붙여 건물
모양을 더 많이 만들어도 좋다.

떠오르는 대로 수학 도시를 만들어나 간다. 엄마와 아빠가 뭐라고 해도 집중!

욕실 바닥에 신문지를 깔고 건물 모양 들을 테이프로 고정한다. 물대포를 발 사하여 가차 없이 부숴버리며 수학 스 트레스 해소!

학교는 미술을 막 대했다

   중학교 시절, 중간고사를 한 주 앞둔 때였다. 그때는 선생님들이 으레 주변 교과로 분류되던 미술, 음악, 가정, 도덕 과목 시간에는 자습을 하게 했다. 중간고사 과목인 국어, 영어, 수학, 과학, 사회를 공부할 수 있도록. 그런데 예상치 못한 일이 벌어졌다. 미술 선생님이 수업을 진행했고, 앞에서 둘째 줄에 앉은 승연이가 아무런 상관도 없는 듯 수학 문제집을 펼쳐놓고 푼 것이다. 다른 아이들은 책상 밑 서랍에 문제집을 숨기며 공부했는데 승연이는 당돌했다. 모두의 눈에 띄었다.

   두 가지가 이상했다. 선생님이 미술 수업을 진행한 것과 승연이가 아랑곳하지 않고 다른 교과를 공부한 것. 아무도 듣지 않는 수업이 선생님의 크지도 작지도 않은 목소리, 강약 없는 건조한 음성으로 무겁게 교실을 맴돌았다. 그러다 수업 중반쯤이 되어서야 선생님이 승연이를 불렀다.

"둘째 줄 학생, 지금 뭐 하는 거지?"

"선생님… 다음 주는 중간고사고, 미술은 시험에 포함되지 않아요. 전 미술을 전공할 것도 아니고 제겐 지금 수학이 중요해요. 다른 과목 선생님들도 이때는 자습하게 해주셨어요. 제가 왜 미술을 공부해야 하죠?" 미술 시간에 수학을 공부한 승연이의 잘못인데도 목소리에 힘이 있고 당찼다.

"어… 그럼 넌 수학 공부를 하도록 해…."

결국, 선생님은 체념한 듯 무덤덤하게 수업을 이었고, 책상 위로 수학 문제집을 올리는 아이들은 점점 많아졌다. 난 속으로 선생님께 파이팅을 외치고 있었다. 물론 수업을 하는 게 이상하긴 했다. 여태껏 시험 기간에 어떤 선생님도 수업하지 않았으니까. 당시에는 오히려 미술 시간에 미술 수업을 하는 게 이상한 일이었으니까. 그런데 난 좀 그랬다. 그날, 선생님은 왜 자신 있게 미술 수업을 진행하지 못했을까? 수업은 선생님에게 어떤 의미였을까? 왜 미술 시간을 자습 시간으로 내주었을까? 그리 쉽게. 그날 미술 선생님은 학생에게 주변 교과의 설움을 정면으로 당했다. 승연이에게서 나온 그 말은 학교가 대하는 미술이자, 세상이 알려준 미술이다.

당시 학교에서의 미술은 입시 위주로 입안된 교과과정에서 시수만 적었던 게 아니다. 그 적은 수업 시수조차 눈치를 봐야 하고 주변 교과로 치부되었으며, 모두가 암묵적으로 이에 동의했다. 어른들은 학생의 전인적 성장을 지켜주지 않은 채 지식습득 위주의 공부로 채웠다. 이제는 생각해 본다. 미술 시간에 미술을 가르친 선생님이 되레 이상해진 상황, 선생님의 정당한 수업을 보호해주지 않은 학교와 교육적 분위기가 정녕 우리를 위한 시간이 되었을까? 결과적으로 우리의 삶을 위한 것이 되었을까? 당장 시험을 위해 학교가 예술을 멀리하는 것이 바람직했을까? 나의 엄마도 공부할 시간이 부족하다며 내가 좋아했던 미술을 그만두게 했다. 내게 전부였고 내가 사랑하는 과목 미술은 그렇게 설 자리를 잃었다. 어른들은 미술을 지켜주지 않았다. 막 대했다.

요즘도 별반 다르지 않다. 많은 사람이 미술을 중요하다고 생각하지만, 일상에서는 미술을 대우하지 않는다. 엄마들은 말한다. 공부할 시간도 부족하다고. 미술은 이 정도면 됐다고. 전공할 것도 아니고 소질이 있는 것 같지도 않으니 그만하겠다고. 그렇게 아이들은 미술과 이별한다.

당장 손에 잡히는 결과와 성취를 바라는 시대에 미술의 쓸모나 가치를 말하는 게 굉장히 추상적으로 들릴지 모르겠다. 미술을 그만두는 엄마들을 붙잡고 미술은 단지 그림을 잘 그리기 위해서가 아니고, 미술의 가치를 구구절절 말하고 싶었다. 그러나 교육인이 아닌 자영업 사장으로서 말하는 것으로 받아들일까 봐 차마 말하지 못했다. 나의 학창 시절에도, 지금도 인정받지 못했던 미술. 미술, 그 자체의 막대한 쓸모를.

세상을 그리는 어린이 (김단 8)

"선생님, 오늘 뭐 할 거예요?"
"오늘은 꽃을 그릴 거야."
"꽃이요? 꽃은 제가 잘 그리죠. 전 세상의 모든 걸 그릴 수 있어요."

2

미술에 대한 시선

_다시 보기

학교 미술을 가르쳐주세요

"학교 미술 좀 가르쳐주세요." 미술학원을 운영하며 가장 많이 듣고 있는 말이다. '학교 미술(여기서 학교는 초등학교)은 그냥 미술과 다른가?' 나는 이 물음에 늘 생각이 많았고, 미술 교사로서 반드시 풀어가야 할 숙제 같았다. 학교 미술이라는 특이한 이름으로 불리는 이 미술은 '학교에서 사용하는 미술'이라는 뜻일 거다. 그런데 학원에 와서 가르쳐달라고 한다. 정리하자면, 사교육을 통해 공교육 미술을 배우고자 한다. 그런데 학교에서는 미술을 어떻게 가르칠까? 나는 아이들에게 학교 미술 시간에 대해 물었다.

"학교에서는 그냥 간단한 거 프린트해서 색칠만 해요."
"학교에서는 뭔가 빨리해야 해서 힘들어요. 시간 지나면 집에 가야 하는데. 다 못하면 남아서 해야 해요."
"학교에서는 선생님이랑 같이하는 게 아니고 그냥 도안 같은 걸로 혼자 그리고 만들어요."

　이상하다. 아이들의 말을 들어보니 나의 수십 년 전 학교 미술 수업과 별반 다르지 않았다. 사교육 기관에서 따로 배워가야 할 정도의 대단한 미술이 아니었다. 교육과정은 시대의 흐름을 반영해 개정되고, 연구자들의 교육 연구도 활발하다. 미술가의 미술은 신선하다 못해 충격을 주기까지 한다. 그런데 아이들의 말대로라면 학교에서의 미술 수업은 변하지 않은 것 같다. 왜 그럴까…?

　한마디로 단정할 수는 없지만, 현장에서 경험하고 느낀 바로는 교육수요자들이 학교 미술을 원하고 찾으며, 사교육 기관이 그 미술을 가르치기 때문이다. 그렇다면 왜 학교 미술을 원하고 찾을까? 엄마들의 마음은 이런 것 같다. '내 아이가 학교에서 그림을 못 그리면 주눅 들지 않을까? 미술을 어려워하나? 우리 아이는 색칠하는 거 싫어하는데, 그래도 연습시켜야 할까? 선생님이 내 아이를 어떻게 보실까….'

　그래서 엄마들은 학교에서 수업할 거로 예상되는 미술 활동을 준비해서 가야 한다고 생각한다. 나도 아이가 학교 미술 시간에 주눅 든 채 멀뚱멀뚱 앉아만 있다고 생각하면, 미술을 연습시키고 싶은 마음이 들 거다. 우리 엄마들의 마음은 다 그렇다.

　문제는 학교 미술을 가르치는 학교 밖 사교육 기관의 수업 방법과 방식이다. 보통 그 내용과 방법은 이렇다. 단편적인 방식으로 사람 그리는 법, 나무 그리는 법을 연습한다. 색칠도 진하고 꼼꼼하게 다 칠해야 할 것 같은 답답하고 건조한 그리기 방식이다. 선생님의 방식대로 그린다. 같은 정답이 아닌 모두 다른 답을 표현하는 활동인데도 선생님의 나무가 아이의 나무가 된다.

그러나 이것은 아이의 그림이 아니다. 학교 밖 미술 교사의 그림도 아니고, 학교 담임 교사의 그림도 아니고, 엄마의 그림도 아니다. 그저 학교에서 그려야 하는 그림이라고 생각한 학교 미술의 상일 뿐이다.

우리는 지금껏 아이의 발달과 아이가 바라보는 세상을 그림으로 인식할 수 있었다. 특유의 선과 형태는 내 아이만의 것이었다. 이렇게 아이의 미술을 존중하고, 격려해주지 않았던가? 그런데 갑자기 모른 척한다. 학교 미술을 위해 내 아이의 미술을.

학교 미술이란 아무래도 '사람이나 나무 같은 사물을 잘 그리고 잘 색칠하는 것'을 말하는 것 같다. 사실적으로 그리고 꼼꼼하게 색칠하면 미술을 잘하는 아이로 인정받고, 부족하면 따로 준비해야 한다고 여기는 것이다. 그러나 나는 학교가 정말로 그런 미술을 원하고 기대하진 않을 것으로 생각한다. 그저 우리가 만들어낸 학교 미술의 상일 뿐이다.

이번에는 학교의 미술 수업의 환경을 알아보자. 일반적으로 학교에서는 한 반 25명 내외의 아이들을, 미술을 전공하지 않은 담임 교사가 가르친다. 작은 책상 위에서, 학교에서 나누어준 같은 재료로 말이다.

　나는 이런 환경에서 미술이 될지 자주 의문이 들었다. 교실의 작은 책상은 아이들이 다양한 상상을 꺼내고 발휘하기에 경직되고 좁아 보인다. 또 아이들은 어수선해지지 않는 범위에서 자리를 지키며, 정해진 시간 안에 작업을 완수해야 한다. 이런 환경에서는 아이 개인의 독특한 생각이 수용되지 못하고, 망하거나 실패하거나 엉뚱할 수 있기가 매우 어렵다. 또한, 전체의 미술을 위해 자칫 아이 개인의 미술 실험과 창작은 수업의 흐름을 깨는 방해 요소가 될 수 있다. 한 반의 많은 정원, 미술을 전공하지 않은 담임 교사, 미술을 하기에는 좁고 딱딱한 공간과 책상… 전체의 효율적 수업을 위해, 학교 미술 시간은 채워진다. 그러므로 학교는 미술을 제대로 할 수 없는 곳이라고, 나는 감히 결론 내릴 수밖에 없다.

　책상 위 미술(Table-Top-Art)은 예술이 일어나기 어려운 교실에서 행해지는 미술 형태라 말한다. 책상 크기와 교실 정돈 상태에 제한받는 미술을 말하며, '선 안에 색칠하세요'나 오리고 붙인 종잇조각 등과 관련되는 경우가 많다고 언급한다.
　이와 대조적으로 스튜디오나 미술실에서 제작된 예술 작품은 규모를 크게 할 수 있고 풍부하고 번잡한 매체 표현을 시도할 수 있다.

- 『왜 학교는 예술이 필요한가』 중에서 -

　물론, 학교에서의 미술이 영 불가능한 것은 아니다. 적절한 공간(미술실), 적절한 정원(소규모 분반 활동), 확장되고 전문적인 재료 그리고 미술을 전공한 교사가 가르친다면, 학교에서도 미술교육은 가능하다. 그러나 우리의 현실은 그렇지 못하다. 나는 초등학교에서 미술을 미술 전공자가 아닌 담임 교사가 미술을 가르치는 걸 이해한 적이 없다. 미술 교사인 나도 이리 미술이 어려운데, 어떻게 비전공자가 미술을 가르칠 수 있을까. 제도나 예산 때문에 정책적으로 그래야 할 특별한 사정이 있는가. 있다고 해도 대체 아이들보다 중요한 게 뭐가 있다고(또 담임 교사의 책임은 왜 이리도 많은가). 게다가 넓고 깊은 미술의 세계를 안내할 자료가 풍성히 담긴 양질의 미술 교과서는 제대로 사용도 되지 못한 채 폐품으로 버려진다. 매년 수십, 수백억의 예산이 쓰레기통에 버려진다니, 예나 지금이나 변하지 않는 답답한 상황이다.

예술 강사들의 지역사회예술기관이나 문화공간에서의 활약을 보면 학교 안에서 가능한 예술을 생각해 볼 수 있겠다. 이미 많은 아이가 학교에서 받지 못한 예술 교육을 지역사회예술기관, 미술관, 박물관, 미술 전문 사교육 기관 등의 학교 밖에서 채운다. 그러나 이조차 예술에 관심이 있고, 중요성을 아는 가정의 아이들만이 누린다. 이렇게 미술은 이렇게 학교에서부터 차근차근 일상과 동떨어지게 되면서 성인이 되어 고고하게 미술관 속 예술로 우리 앞에 서 있다. 영 어색하게.

미국의 철학자이자 교육학자인 존 듀이 John Dewey 는 『경험으로서의 예술』에서 '과거 예술 작품이 신성한 것으로 간주되면서 인간의 경험이나 체험에서 분리되어 왔다'라고 말한다. 예술은 고전적 지위를 획

득하여 미술관이나 박물관에 인정된 작품이 예술로 인식됐고, 삶으로 연결되지 않은 예술은 가치를 얻지 못한 채 모호화되었고, 그렇게 예술은 특권화하거나 사소화되었다. 학교도 암묵적으로 예술을 막대하고 홀대했다. 나는 학교에서의 미술교육은 실패했다고 생각하는 지경에 이르렀다. 학교가 미술을 지켜주지 않을 때, 어린이의 미술은 일상의 삶으로 연결되기 어렵다.

과거에도 지금도 우리는 비슷한 미술을 한다. 시대가 빠르게 변하고, 변화한 시대에 맞춰 교육개정안이 발표되어도 교육 현장에서의 미술은 예나 지금이나 비슷한 형편이다. 교육수요자는 학교 미술의 상을 학교 밖에서 찾고, 사교육 기관은 그 미술을 가르치고, 아이들은 그것을 미술로 알고 그린다. 그렇게 주인 없는 학교 미술을 함께 재생산한다.

여기서 내가 택한 방법은 나의 학원에서 학교 미술을 가르치지 않는 거다. 거기까지는 내가 할 수 있는 일이다. 나는 미술과 어린이를 사랑하는 교육인으로서 학교 미술이 누구를 위한 미술인지 답을 찾지 못했다. 학교 교사에게도, 학교 밖 미술 교사에게도, 부모에게도. 무엇보다 어린이에게.

아우라 (하율 11)

표범을 그리던 하율이는 배경 표현을 고민하다가
물감을 툭 손가락으로 찍었다.
그리고 자연스럽게 손을 툭툭… 때론 미끌미끌 움직였다.
아우라가 완성됐다.

포스터의 공식을 깬 포스터

대학원 수업 중 교수님이 재밌는 경험을 소개했다. 교수님이 초등학교 선생님으로 근무하던 시절, 불조심 포스터 수업을 했을 때다. P는 그림의 모든 형태가 알아볼 수 없을 정도로 물과 물감이 번지도록 채색했다. 교수님은 이 그림이야말로 불조심에 경각심을 일으킬 만한 그림이라고 생각하여 학교 복도에 전시했다. 그런데 그림을 본 다른 선생님들이 그림을 당장 내리라고 했다.

"선생님, 이렇게 망친 그림을 걸어두면 어떡해요?"
"이 그림은 포스터의 요소를 전혀 고려하지 않은 그림이에요. 포스터는 색을 5가지 정도만 사용해야 합니다. 그리고 글자는 반듯하고 크게, 색은 꼼꼼하고 진하게 칠해야죠."
"포스터 조건에 하나도 맞지 않는 그림을 걸어놓았네요."

그러나 교수님이 보기에 어떤 그림보다도 P의 그림만큼 불조심의 메시지를 잘 전달할 수 있는 그림은 없었다. 그래서 주변 선생님의 소리에도 불구하고 교수님은 복도에 계속 P의 그림을 걸어두었다.
P의 '불조심 포스터'가 상상되는가? 모든 형태가 불에 타버린 물감과

물의 번짐으로 표현된 그림. P의 포스터를 보진 않았지만, 자꾸 마음속에서 물감이 번져 불이 활활 타는 듯한 그림이 연상된다. 보지도 않고 듣기만 한 그림으로 이렇게 강렬한 인상을 주다니.

이후 P는 어떻게 되었을까? 자기 생각을 용기 있게 꺼낼 수 있는 사람이 되지 않았을까?

미술은 프로그램이 다가 아니다

"프로그램을 좀 볼 수 있나요?"

"아니요. 저희는 프로그램을 정해두지 않습니다."

이렇게 말하면 엄마들은 의아해한다. 당연하다. 무엇을 가르치는지도 모르는데 어떻게 등록하는가. 여기서 프로그램이란, 수업의 주제, 재료, 기법 등을 정리한 커리큘럼 표를 말한다.

대체로 미술 수업은 자료와 매체를 다루어 그리거나 만드는 활동으로 이루어진다. 이에 미술 교사는 주제, 재료, 기법 등을 계획한 프로그램을 바탕으로 수업을 진행하는데, 프로그램은 전체 학생을 효율적으로 가르쳐야 하므로 난이도, 흥미, 교육적 요소를 고려해 시간 내에 완성할 수 있는 수준으로 계획하게 된다. 문제는 그러다 보니 자주 '개인은 전체'가 되는 것이다. 게다가 미술교육은 미술작품을 만드는 것 중심으로 오랫동안 진행되어 왔다. 미술이 창의성 중심, 학생

50

중심으로 주도적인 활동이어야 한다는 걸 알지만, 어떻게 흘러갈지 모르는 열린 수업 현장에서 실천하기란 여간 어려운 게 아니다.

이렇게 미술 교사는 어린이의 창의성과 개별성을 존중하면서도 어린이의 개별성을 간과할 수밖에 없는 교육적 딜레마에 직면하게 된다.

간혹 잘 만들어진 샘플을 책상 한가운데에 올려두고 아이들에게 따라 하도록 하는 기관이 있다. 한 명의 교사가 여러 아이를 효율적으로 가르치기 위한 하나의 방법이다. 그런데 아이로서는 샘플이나 예시 작품을 보고 나면 새로운 생각을 떠올리기 쉽지 않다. 특히 모범답안 같은 샘플이 그림을 그리는 내내 책상 위에 계속 올려져 있다면… 그 과정에서 생각지 못한 멋진 표현 방식을 익힐 수도 있겠으나, 이것을 '미술 했다'라고 말하기에는 모호하다. 그것이 우리가 미술을 통해 얻고자 하는 고유성과 창의성은 아니니까. 결국, 프로그램대로 미술을 하면 아이는 자유롭게 표현할 기회, 망칠 기회, 생각이 안 나 머뭇거릴 기회를 얻지 못한다. 생각할 필요가 없고, 작품은 실패 없이 완성된다.

나는 수업할 때면, '아이 뒤 엄마의 모습'이 보였다. 그래서 아이에게 고독하게 생각할 기회, 망칠 기회를 주기 어려웠다. 결과물이 이상하면 '미술학원에 다녔는데 이 정도뿐이 안 되나….'라고 생각할 엄마의 안색을 의식했다. 나와 같은 이유에서일까. 대부분의 미술교육은 프로그램이라는 안전한 틀에서 모두가 혼돈 없이 미술작품을 완성하는 것을 가르침 또는 교육이라는 명분으로 수행되고 있는 것 같다. 그렇다 보니 미술은 곧 프로그램으로 인식되었다. 엄마들은 어디를 가든 프로그램을 묻는다. 이렇게 아이 대부분이 기관에서 프로그램 미술을 배우고, 혼자서는 그리거나 만들 수 없는 미술작품을 남긴다.

나도 '아이들과 어떤 프로그램을 할까.' 고민하며 인터넷으로 재밌고 아이들이 좋아할 멋진 프로그램을 검색했다. 재료나 순서를 어느 정도 정해두고, 아이들과 그 미술을 많이 했다. 나의 머릿속에서 계획한 것을 아이가 그저 손이 되어 움직이는 날이 많았다. 아이들은 이 수업에서 무엇이 만들어질지 모르는 과정을 거쳐, 내가 계획하고 괜찮다고 여긴 '나의 미술'을 '대신'했다.

한 날은 수채물감으로 그러데이션 표현을 가르칠 생각이었다. 그것은 그날 주제의 표현으로 적합했다. 그런데 유건이가 말했다. "전 이 배경을 연필로 까맣게 칠할래요." 뭐라, 연필로 까맣게? 0.1초도 안 되어 내 머릿속에는 앞으로 펼쳐질 여러 상황이 그려졌다. 연필로 배경을 까맣게 칠하다보면 팔이 아플 거고, 시간 안에 완성하지 못할 거다. 하다가 망치면 기분이 안 좋아질 거고(유건이는 기분이 안 좋아지면 다시 좋아지기까지 시간이 걸리고 때론 풀이 죽고 결국 부모님께 혼나며 퇴장하고는 했다) 그러면 전체 분위기도 이상해질 거다. 그리고 무엇보다 연필로 칠하기엔 안 어울리는데.

"오늘은 수채화로 해 보자!"

"왜요? 연필은 왜 안 돼요? 전 까만 배경이 하고 싶은데."

"음… 그래? (어두운 느낌을 주고 싶나 보네) 그럼 연필 말고 검은색 물감? (이건 내 그림이 아니고, 유건이 그림이지. 명심, 명심) 아니면 연필과 비슷한 느낌인 목탄으로 해 보는 건 어때? (목탄을 승낙해주길 바라며, 슬쩍 건넸다)"

"목탄이 뭔데요?"

"여기에 한 번 실험해봐. 느낌을 보고 마음에 드는지 봐봐."

유건이는 연필과 목탄의 느낌을 여분 종이에 한참을 실험한 뒤 목탄을 선택했다. 당연히 여러 방식으로 재료를 탐색하느라 시간 내 작품을 완성하진 못했다. 유건이의 충분한 실험 과정은 보이지 않으므로, 시간 내 완성하지 못한 아이로 비추어질 수 있다. 나는 브리핑 때 유건이의 재료 선택과 탐색의 과정을 설명했다. 유건이는 분명 시간 내내 자신의 작품에 대한 고민과 선택, 실험을 끝없이 했으니까.

그런데 이런 상황에 직면하면 늘 생각이 많아진다. 내가 계획한 재료와 방식이 옳다는 생각이 여간해서 없어지지 않았다. 그러나 아이들에게 주도권을 넘겨주는 연습을 함으로써 아이들만의 강력한 표현의 힘을 발견했다. 내가 제안한 방식이 더 작품다울 때도 있지만, 대부분은 아이가 선택한 컬러, 구도, 방식이 훨씬 탁월했다.

많은 사람이 미술을 시간 내에 미술작품을 완성하는 것이라고 여긴다. 그러나 나는 '시간 내에 미술작품을 완성하지 못해도 된다'라고 용기 내는 중이다. 내가 완성에 대한 강박을 내려놓아야 아이가 자기 작품을 그리고 만들 수 있다는 걸 안다. 또 무엇보다 중요한 건 '동기'다. 그림을 그릴 수 있느냐 없느냐는 동기를 충분히 가지고 있느냐에 달렸다. "지금부터 풍경을 그리세요!" 이렇게 미술을 출발할 수는 없다. 이건 마치 배우에게 "지금부터 연기하세요!"라고 말하는 것과 같다. 배우가 연기하기 전에 감정을 잡고, 캐릭터에 몰입하는 것이 필요하듯, 아이들에게는 그날 가장 충만히 올라온 동기를 느끼고 표현한 게 '오늘의 미술'이다. 또한, 미술 교사는 준비한 프로그램 주제의 도입을 위해 여러 자료를 준비하거나 발문한다. 그런 중에 다른 주제로 아이들이 동기화된다면 그날의 주제는 '다른 것'이 되어야 한다. 그렇게 앞뒤 없음으로 진짜 미술은 일어난다.

현장에서 미술 교사와 아이가 마음껏 미술을 펼치려면 엄마의 신뢰가 필요하다. 종이에 잘 정리된 프로그램 표가 아닌, 프로그램 너머의 것을 보는 엄마의 안목과 프로그램대로 하지 않아도 된다는 마음, 수업 시간 내에 도화지에 그려낸 것 너머를 상상해보는 마음 말이다. 오늘 다 완성하지 못한 미술 활동의 의미를 생각해보았으면 한다.

프로그램을 정해두지 않은 체계 없는 미술 기관은 어쩌면 창의성을 키우느라 그 체계를 버렸는지 모른다. 이제는 미술교육기관에 상담하러 간다면 프로그램을 묻기보다 "이곳은 어떤 미술을 가르치나요?"라고 물어보면 좋겠다. 모든 걸 정해둔 프로그램 미술을 한다면, 우리 아이들에게 생각할 기회도 망칠 기회도 주어지지 않을 것이다.

다 못한 그림

나의 학원은 한 달에 4회, 90분씩 수업이 진행된다. 90분 수업에 보통 한 작품씩 완성이다. 한 날은 현대 작가인 조나스 우드Jonas Wood의 그림을 모티브로 항아리 안에 자신의 아이디어를 담는 활동을 준비했다. 먼저 아이들에게 A4용지에 아이디어 스케치할 시간을 주며 생각하는 시간을 갖도록 했다. 그때 지오가 말했다.

"어… 근데 저는 생각은 못 하는데요. 선생님이 정해주세요."

"생각은 힘든 일인데, 생각을 많이 안 해봐서 그런 거야. 생각을 자꾸 하면, 생각을 더 잘할 수 있어."

"벌써 20분이 지났는데, 제가 아직 시작을 못 해서…"

"지오야, 생각하는 시간도 미술이야. 시작을 안 한 게 아니고, 이렇게 저렇게 생각해보았잖아. 오늘 다 못해도 다음 주에 이어서 할 수도 있고."

많은 사람이 미술을 재료와 매체를 활용해 시각화된 작품을 만드는 활동으로 인식한다. 그러다 보니 하나의 작품을 완성하지 못하면 미술을 하지 않은 것으로 여기기도 한다. 교사가 시간 내 작품을 완성하는 방향으로 아이들을 가르치는 이유이며, 빨리 생각을 정해주는 이유다. 대부분의 교육은 '더 많이', '더 빨리'의 모토로 진행되는 것 같다. 그러나 미술은 '더 깊이', '더 느리게' 교육할 수 있는 과목이다.

내가 만나는 아이들은 보통 하루에 한두 개의 학원에 다닌다. 그날 나가야 할 학원의 진도와 주어진 숙제 의무에 성실하게 임한다. 꾸물대고 멍때릴 시간이 부족하며, 시간에 맞춰 움직여야 오늘의 일정을 소화한다. 그런데 이러한 일정들이 아이들에게 진짜 경험을 선사해줄까? 이에 존 듀이는 경험이 진정한 교육이 되려면 적극적이고 성찰적이어야 한다고 주장한다. 이것은 단순히 정보를 수동적으로 받는 사람이 아니라 학습 과정에 적극적으로 참여하는 사람을 말한다. 진정한 경험은 비판적 사고, 문제 해결, 지식과 행동의 통합을 촉진하는 경험이다. 아이들이 더 깊은 수준에서 자료와 연결할 기회가 부족하다면, 꽉 짜인 수업 일정과 숙제가 실제 경험이 아닐 수도 있다는 것은 분명해진다.

진정한 교육 경험은 호기심을 불러일으키고 탐구를 허용한다. 아이들이 의미 있는 방식으로 학습을 성찰할 수 있도록 해야 한다. 아이들을 위해 준비한 많은 활동은 진정한 이해와 성장을 촉진할 시간을 허락했을지, 아니면 단순히 완료해야 할 과제인지 우리가 자문해봐야 할 이유다.

지오는 그날 매우 적극적으로 참여했다. 자신의 영감과 자료를 연결하고, 취소와 선택을 반복하며 통합했다. 눈으로 예리하게 관찰하고, 아직 서툰 손으로 유연히 그리기 위해 노력했다. 다 못한 그림. 고된 생각과 스케치와 처음 써 본 마커의 탐색 흔적이 지오의 '오늘의 작품'이다.

사람 그리기를
어려워하는 어린이

주호의 학교 온라인 수업 중, 열린 방문을 통해 목소리가 들렸다.

"사람 그린 거 보여주세요."

"…."

"자, 사람 그린 사람? 주호는?"

"전 안 그렸어요. 안 할래요."

"아무도 그림 보여줄 사람 없어요?"

그날 온라인 수업에서는 아무도 사람 그림을 보여주지 않았다. '사람 그리기 어려워하는 아이가 바로 내 아들? 미술학원 원장 아들?' (난 미술 선생이지만 사실적 형상만을 그릴 뿐, 창의적 그림을 그리지 못하여 늘 아이들 그림에 주눅이 든 선생임을 이참에 고백한다) 조금 놀랐다. 사실 난 그간 주호의 그림을 멋지다고 생각해왔다. 도대체 사람 그리기에 왜 이렇게 안절부절못할까.

"주호야, 왜 사람 그리기를 안 했어?"

"사람을 그리는 건 최고난도 그림이야. 난 똑같이 못 그려. 애들이 놀릴 거야."

그토록 사실적인 그림만이 미술이 아니라고 말해왔건만, 사람을 사진처럼 그려야 잘 그린 거라고 진리처럼 받아들이는 이 상황이 답답했다. 그동안 나는 뭘 한 건가. 다음 날 나는 걱정을 버리지 못하고 물었다. 그러니까 수업으로 치면 동기부여! 지금의 이 꽉 막힌 아들의 마음을 해방해주어야 한다고 생각했다. 사람 그리기 공포증에 걸리기 전에.

"주호야, 엄마도 사진처럼 똑같이는 못 그려. 네 방식대로 그린 그림은 충분히 멋져. 네 그림은 개성 있어. 엄마는 늘 네 그림에 감동하잖아. 다시 한번 그려볼래?"

"싫어… 싫어."

"네 그림은 마치 미술가 같았어. (진심이었다) 마티스 같았고, 피카소 같았어." 주호는 마티스와 피카소 전시회를 다녀왔고 그들의 그림 스타일을 조금은 느끼고 있었다.

"마티스와 피카소가 사람을 사진처럼 똑같이 그렸니?

"… 아니지."

주호는 내키지 않은 듯 입을 비죽거리다가 이내 그림을 그리기 시작했다. 조금 멈칫하다가 단숨에 여러 장을 그렸다. 나의 모습, 임신한 여자, 우리 집 강아지 랑이, 안경 쓴 자신의 얼굴을 순식간에. 중간부터는 콧노래도 불렀다. 붓펜으로 쓱쓱 부드럽고 빠르게 손을 움직였다.

사람을 그리지 못했던 이유는 단 하나, 사실적으로 똑같이 그려야 한다는 편견 때문이었다. 부담을 느낀 거다. 똑같이 그려야 한다는 부담이 사라지자 긴장이 풀리고, 힘을 빼자 선은 자유로웠다. 잠깐. 여기서 주호는 연필이 아닌 붓펜을 들었다. 연필은 틀리고 싶지 않은 마음에 선을 그리고 지우기를 반복하게 되어 있다. 이럴 땐 펜을 들자. 특히 붓펜은 부드러운 붓과 힘 조절이 쉬운 펜이 합쳐져 마음의 부담을 내려놓기 좋은 드로잉 재료다. 그 순간의 기분이나 떨림, 긴장까지 표현될 뿐만 아니라, 종이와 만나 그려지는 느낌도 재밌다. 지우개도 필요 없다. 내 식으로 그릴 거니까.

주호가 그린 나의 모습 (주호 9)

스케치 없이 붓펜으로 그렸다.
난 목걸이를 하지 않는데 목걸이를 그려 넣었다.
마티스의 부인은 마티스가 그린 자신의 모습을 싫어했다고 한다.
나도 아들이 그린 내 모습이 영 이상하다.
그런데도 묘한 끌림이 있다.

그날 또 한 번 알았다. 사람 그리기 이거 보통 아니구나. 아이들의 심리적 부담감. 엄마들이 사람 그리기 수업을 요청하는 것이 이해되고도 남았다.

'사람 그리기'는 언제나 미술의 큰 테마이자, 미술가들의 인생 테마이다. 지금 우리는 미술가들의 다양한 형식과 표현의 인물 그림을 만나지만, 사실 미술가들도 매우 사실적인 사람 그림을 그려왔다. 사실적인 인물화가 큰 변곡점을 맞이한 건 사진기의 발명 이후다. 사진기가 현실을 재현하는 역할을 하게 되자, 미술가들이 형태의 재현에서 벗어나 대상의 내면을 탐구한 그리기를 시작한 것이다. 그렇게 사진보다 더 많은 것을 정확히 담으려 했던 고전 미술이 쇠퇴하고, 형태와 색의 자유를 맞이했다. 미술가들은 인간의 내면을 적극적으로 바라봤고, 개성 넘치는 미술을 꺼냈다. 재현이 아닌 표현의 시기가 시작됐다. 이 시기 미술가들의 작품은 오히려 사실적이지 않아서 가슴을 울리는 것 같다.

나는 사람 그리기에 대한 접근이 이와 다를 바 없다고 생각한다. 사실적인 그리기에 집중하기보다는 자기가 느낀 인상을 편히 담아보는 것. 비율과 형태에만 신경 쓰다가는 대상의 본질과 감정을 하나도 담아내지 못할지도 모른다. 허울만 있는 그림에는 아무도 감동하지 않는다.

사람 그리기를 '나다운 사람 그리기'로 이해해보면 어떨까. 혹시 아이는 아직 미술가가 아니므로 연습용 그림을 그려야만 한다고 생각한다면, 나는 어린이 때만 그릴 수 있는 그 감정과 그 생각은 과감히 버려도 되는지 묻고 싶다. 어린 시절은 다시 오지 않는다.

　사실적으로 그린 그림에 만족하는 부모를 많이 봐왔다. 그러나 이 것을 사람 그리기의 완성형으로 생각하지는 않았으면 한다. 실제와 똑같이 그리는 연습도 필요하지만, 아이들이 사실주의와 개인적 표현을 모두 탐구할 수 있는 환경을 조성하고 지지하는 것이 중요하다. 그래야 자기표현력을 가진 아이로 성장할 수 있다.
　아이의 순수한 그림은 보는 사람을 끌어당긴다. 직관적인 인물 표현은 마치 그 사람의 진면목까지 알아보는 눈을 가진 듯하다. 아이가 보고 느낀 대로 표현하는 그림. 그건 바로 미술가가 그토록 갖고 싶었던 그림을 그리는 '눈'이었으니까.

"난 어린아이의 눈을 갖고 싶다."

- 바실리 칸딘스키 -

유연한 선으로 그리는 자화상 (이안 7)

하늘과 땅이 흔들려도 난 굳건해 (효준 8)

매일 같은 것만 그려요

"매일 같은 것만 그려요." 많은 엄마가 걱정한다. 아이들은 왜 같은 것만 그릴까? 이 질문에 대한 답은 간단하다. 그것을 좋아하기 때문이다. 좋아하는 것을 그리는 것은 자연스러운 일이다. 로웬펠드는 '같은 것을 계속 그리는 것은 자신의 감정과 정서로부터 안전한 도피를 나타내는 것'이라고 말했다.

아이들의 상징적인 그림을 '도식'이라 부르는데, 도식은 필요할 때 반복하여 사용하는 어린이만의 개념이다. 아이는 그리고 싶은 것을 반복하여 그림으로써 심리적 안정을 얻는다. 그런데 혹시 일상이나 관심사와 아무 관련이 없는 기호 그림을 반복적으로 그리고 있지 않은가? 아이의 그림이 색칠공부에서나 보았을 그림 같은 기호인지, 친밀한 대상을 그린 것인지 구분하여 살펴볼 필요가 있다.

기호 그림이란 해, 꽃, 나무, 구름 등 누구나 봤을 법한 도형 같은 형태의 그림을 말한다. 그것은 틀에 박힌 표현이 될 수 있다. 그러나 아이에게 필요한 건 틀에 박힌 표현이 아니라, 나만의 표현이 담긴 그림체다.

많은 엄마가 묻는다. "아무리 좋아하는 것이라도 매일 같은 것만 그려서 그림이 늘지 않으면 어떡하죠?" 이 질문에 대한 답 역시 간단하다. 같은 것만 그려도 그림은 는다. 그림을 안 그리는 게 문제라면 문제지, 같은 것만 그리는 것은 문제 되지 않는다. 아이의 그림은 성장하고 있다. 그래도 조금 더 다양한 것을 그렸으면 하는 엄마들을 위해 쉬운 방법을 하나 소개하겠다. 자동차만 그리는 아이에게는 일단 아이가 좋아하는 자동차를 그리게 둔다. 그리고 발문하여 대화를 나눈다.

"이 자동차에 누가 탔어?"

"그 사람은 뭐 하고 있어?"

"이 자동차는 어디 가고 있어?"

"이곳에 날씨는 어때?"

"여긴 어디야? 저기로 가면 뭐가 있어?"

"이 자동차에선 무슨 일이 생길까?"

아이 그림을 매개체로 대화를 나누면 그림은 확장된다. 아이는 그림을 그리며, 엄마에게 이야기할 거다. 그림에 스토리도 생기고, 감정도 알 수 있고, 기다리던 다른 대상들도 등장할 거다.

또 다른 방법은 아이가 그리고 싶은 이미지를 프린트해주는 것. 복잡한 이미지 말고 쉬운 이미지부터 주면 좋다. 그다음은 자세히 관찰할 수 있도록 대화를 나누자. 곧 종이 위의 손이 움직이기 시작할 거다. 나도 이러한 도입을 통해 아이들을 이끈다.

  장 자크 루소 Jean Jacques Rousseau는 자연과 사물을 관찰하고 그리는 시각 훈련을 강조했다. 자세한 관찰을 통해 정확한 눈을 갖고, 손으로 옮기는 훈련을 통해 유연한 손을 갖게 된다는 것. 이러한 감각 자극을 통해 아이들의 인지능력과 지성이 길러질 수 있다고 말한다. 자세히 관찰할 수 있는 환경과 분위기를 조성해주면 아이는 단순 모사 이상의 것을 그려 내며, 같은 것을 보고 다른 것을 표현한다.

실물 드로잉

같은 파인애플을 관찰했지만,
모두 다른 자신의 파인애플을 그리는 아이들.

아이는 자라면서 관심사가 계속 바뀌고 그때마다 바뀐 다른 것을 계속 그릴 것이다. 그 다른 것도 좋아하는 것이고, 그리고 싶은 동기가 있기 때문이다. 우리가 기억할 것은 같은 그림을 반복해 그리는 것이 아이의 고유하고 독창적인 화풍을 만든다는 점이다. 자동차를 반복해 그리는 아이는 곧 전문가 수준으로 자동차를 그릴 수 있게 될 것이며, 아이마다 곤충을 잘 그리는 전문가, 공주를 잘 그리는 전문가로 성장해나갈 것이다. 아이들의 그림을 수집해 비교해보면 성장하는 것을 확인할 수 있다.

나도 주호가 자동차만 그려서 걱정이 났다. 미술 교사인 나도 내심 아들이 다양한 그림을 그리길 바랐나 보다. 주호는 그림의 형태를 알아볼 만한 시점부터 지금의 수준에 이르기까지 수많은 탈것을 그렸다. 구급차, 소방차, 경찰차를 시작으로 헬리콥터, 잠수함, 탱크, 기중기, 굴착기 등으로 확장해나갔다. 남편은 탈것을 좋아하는 주호를 위해 박스로 소방차를 만들고 욕실 벽에 물감으로 불을 그린 뒤 호스로 물을 뿌려 불을 끄는 놀이를 하고는 했다. 또 실제 소방차와 크레인을 최대한 가까이에서 보여주며 주호의 관심사와 함께했다.

우린 주호가 다른 그림을 그리기를 기다리며 매일 탈것만 그리는 것에 뭐라 하지 않고, 인정했다. 그렇게 자라 주호는 매해 자신의 주제, 관심사를 그린다. 최신 주제는 아이언맨. 마블에 빠진 터라 일 년 내내 아이언맨을 그리고 있다. 한 가지 주제를 열심히 그렸더니, 그림은 당연히 늘고 있다.

미술이란, 대단하고 거창한 작품을 남기는 게 아니라, 자신이 좋아하는 걸 표현하는 것 아닐까? 우리의 삶에 미술이 들어오길 바라면서도 일상에서 아이가 그리는 그림은 미술이 아니라고 생각한다면, 지금 바로 아이의 주제를 미술로 바라봐주자.

많은 화가가 같은 것을 계속 그리면서 화풍을 만들어갔다. 세잔 Paul Cézanne은 사과와 산을 무수히 그렸고, 드가 Edgar Degas는 발레리나만 끝없이 그렸다. 루소 Henri Rousseau는 독학으로 정글만 그려서 끝내 그 만의 정글화라는 장르를 개척했다. 오히려 다양한 것을 그렸더라면 사람들에게 감동을 주지도, 기억되지도 않았을 터. 남들이 뭐라 하든 자신의 주제를 끊임없이 연구하고 도전한 결과 그들의 작품은 예술이 되었고, 우리는 그들이 바라본 세상에 대한 시각을 작품을 통해 만난다. 우리 아이는 지금 어떻게 세상을 바라보고 있을까.

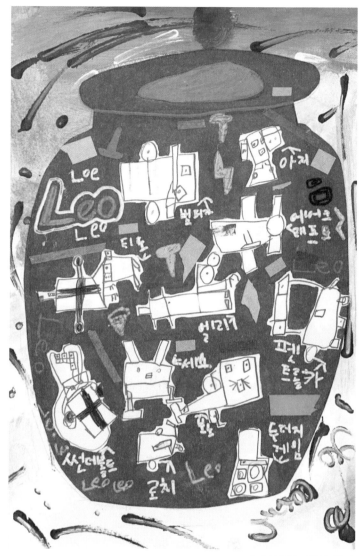

내가 좋아하는 것들 (경률 7)

경률이는 좋아하는 탈것을 가득 넣었다.
좋아하는 것을 그리는 것은 아이의 창작 본능이다.

같은 것을 그리는 작가

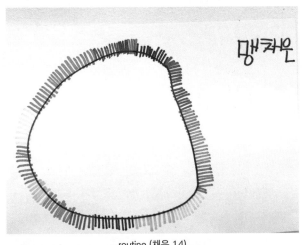

routine (채은 14)

채은이와 미술을 한 지는 7년이 넘어간다. 그간 채은이는 거의 같은 루틴을 보였다. 도화지 한 장을 꺼내고, 동그라미를 그린 뒤 색색의 마커로 테두리를 따라 직선을 그린다. 채은이만의 형상이다. 손에 힘을 주어 해와 꽃 같기도 한 형상을 반듯하게, 열심히 그 형태를 그리며 채은이는 오늘의 미술을 시작한다. 종이와 색, 손의 움직임, 마커의 소리에 푹 빠진다. 거의 같은 그림들은 매번 다른 주제의 그림 안에 담긴다. 아쉽게도 채은이가 어떤 감정, 어떤 마음으로 이 형태를 그리는지 대화할 수는 없지만, 일주일에

한 번 이 루틴으로 시작하는 채은이의
미술이 행복하리라 감히 생각해 본다.
이 시간에 채은이의 미소와 웃음을 자주
보기 때문이다. 매일 같은 것을 그리는
아이, 맹채은.

　우리 학원에서는 채은이를 '맹 작가'
로 부른다. 매일 같은 것을 그리는 맹 작
가! 오늘도 너의 루틴을 응원해!

공식 같은
기호 그림의 비밀

아이들은 한 번도 배운 적 없는 그림을 알아서 그린다. 해는 동그라미를 그린 다음 테두리에 선을 그어 햇살을 표현하고, 집은 세모 지붕 아래 네모 벽을 세운다. 구름, 꽃, 나무, 나비 등도 모두가 아는 비슷한 형태로 그린다. 보지 않아도 모두 다 연상되는 그림. 이런 그림은 가르친 적도 없고, 배운 적도 없는 것 같은데, 어떻게 된 일일까?

이러한 기호와 상징은 6세 이상 아이들의 그림에 자주 등장한다. 정사각형 바닥과 집의 삼각형 지붕과 같은 반복적인 기호를 그리는 것에 대하여 발달심리학자 피아제 Jean William Fritz Piaget 와 로웬펠드는 '어린이는 세상에 대한 이해를 도식으로 표현한다'라고 말했다. 아이는 이렇게 생각과 관찰한 바를 일관된 패턴과 상징으로 정리하고 단순화한 방식으로 사물을 표현하기 시작한다. 이것은 매우 자연스러운 현상임이 틀림없다. 그렇지만 나는 아이들의 그림이 기호나 상징을 넘어 고유하게 확장되어야 한다고 생각한다.

여기서 잠깐, 우리 이 기호를 어디서 보았는지 한번 생각해보자. 어린이용 미술교재에서 많이 보지 않았는가? 특히 색칠공부 교재는 굉장한 기호투성이다. 그러나 색칠공부는 아이들이 좋아하는 활동인 건 맞지만 '즐거워하는 활동'과 '해로운 활동'을 구분해야 한다.

칠하기 그림책은 아동의 창의적 표현에 심각한 영향을 준다.
색칠공부 책을 접했던 아이와 그렇지 않은 아이의 그림은 차이가
있었다. 교재에 인쇄된 새에 색을 칠한 후, 아이는 자신의 창의적
감수성과 자신감을 잃어버렸다. 색칠공부 책은 윤곽선을 따라 그림을
채워나가면서 아이들의 개별적인 차이에 대한 배려는 없이 똑같은
행동 양식으로 반응하도록 통제를 준다.

- 『인간을 위한 미술교육』 중에서 -

많은 아이가 일찍부터 색칠공부를 접한다. 소근육을 키우기 위해, 집중력을 키우기 위해 또는 색칠 연습이라는 더 아리송한 이유로. 결론부터 말하자면, 나는 앞서 로웬펠드의 감수성을 잃어버린 그림 연구 결과에 동의하며, 색칠공부를 추천하지 않는다. 소근육과 대근육을 키우고 싶다면, 클레이나 찰흙 같은 점토를 반죽하며 만드는 활동을 추천한다. 종이를 접거나 말기, 찢기, 꼬기, 가위질도 훌륭한 대안이다.

색칠공부라는 말도 참 이상하다. 색칠이 공부가 될 수 있을까? 색칠은 공부라기보다 감각에 가깝다. 그러니 색칠공부의 예시를 보고 따라 하는 것은 우리 아이의 미술을 건조하고 딱딱하게 만들 수 있다. 어떤 부

모는 아이가 색칠을 잘하지 못한다며 색칠을 연습시키기도 한다. 그러나 색칠은 연습이나 공부가 아니라 내 그림의 표현을 위해 택하는 자연스러운 수단일 뿐이다.

또한, 우리는 꼼꼼하게 색칠한 것을 '잘했다'라고 생각하는 경향이 있다. 그러나 꼼꼼하게 칠하지 않아서 더 멋진 그림들도 많다. 그 어떤 미술가도 '꼼꼼하게만' 색칠하지 않았으며, 오히려 자신만의 멋스러운 채색을 연구했다. 아이들만의 거칠고 삐져나가게 칠해진 선은 손의 힘 조절과 움직임, 때론 감정까지 느껴지는 '살아있는 선'이다. 이 선을 소중히 바라봐주면 좋겠다. 설마 아이의 색칠을 매끄럽게 정리해주는 미술 교사에게 미술을 배우게 하고 있다면, 당신은 지금 아이의 그림을 모으는 게 아니라 교사의 그림을 모으는 것이다.

색칠공부를 추천하지 않는 더 큰 이유는 어린이의 그림이 기호나 상징을 넘어서야 하기 때문이다. 색칠공부나 교재에는 기호 그림이 상당히 많이 등장한다. 이것을 열심히 따라 그리고 색칠하면 아이들은 감성적으로 표현하는 법을 알지 못하고, 기호만 학습하게 된다. 아이들이 기호 그림을 그리는 이유는 사실 그림을 그리고 싶어서라기보다는 어떻게 그려야 할지를 몰라서이다. 기호로 메꾸는 것이다. 도화지를 채워야 하는 부담감 또한 기호 그림을 그리게 한다. 그러나 마음속 인풋 된 것, 그릴 것이 많은 아이는 그림에 대한 부담이 없고 손이 유연하다. 그림에 딱딱한 기호가 등장하지 않거나 기호가 등장하더라도 개성적이다. 도화지에 춤을 추듯 연필에서 그릴 것이 마구마구 터져 나온다.

펜으로 자유롭고 거침없이 자신이 생각하는 천국을 그렸다.
살아있는 생명체들은 모두 바쁘고 활기차다.
어떤 동물은 나무를 타고, 어떤 동물은 땅으로 내려가고,
물고기와 거북이는 점프를 한다.
꽃처럼 활짝 핀 해는 판에 박힌 기호형 해가 아니다.
하늘에 다양한 기하학 형태의 별이 떠 있다.
참고로 연필과 지우개를 주면 고치기를 반복하니 수성펜을 주자.
그림이 한결 자연스럽고 편해질 것이다.

그렇다면 기호 그림을 그리는 아이는 어떻게 지도해야 할까? 기호 그림을 그리는 아이는 자유롭게 그리기를 어려워하거나 부담스러워하는 경우가 대부분이다. 자유롭게 그리는 것처럼 보여도 기호 같은 뻔한 형태일 뿐 순수한 개성은 드러나지 않는다. 이런 아이는 주로 옆 사람의 그림을 따라 그리거나, 보고 그릴 샘플이 있거나, 그릴 대상이 있어야만 그리며 교사가 시작하는 선을 도와줘야 하고 심한 경우 위치, 크기, 내용을 다 정해줘야 그림을 그릴 수 있다.

나는 습관적으로 기호 그림을 그리는 아이에게는 최대한 기분 상하지 않게 접근해 새로운 표현을 하도록 유도한다. 해를 그리기 전에 햇살의 느낌, 시간마다 달라지는 하늘의 색, 해가 쨍쨍한 날 나의 기분 등 주관적인 경험을 묻고 대화를 나눈다. 자, 그런데도 계속 기호 그림을 그리거나, 혼자서는 시작도 하지 못한다면? 이럴 때는 다른 스타일의 그림을 따라 그리게 하자. 그러다 보면 자신만의 스타일이 더해져 개성적인 그림을 그릴 수 있다. 물론 그만큼의 시간과 양은 반드시 쌓아야 한다.

- 좋아하는 것부터 그리기
- 사물, 동물, 캐릭터 등의 사진이나 이미지 보고 그리기
- 지나치게 복잡한 주제 피하기
- 대화를 나누며 즐겁고 편안한 환경에서 그리기
- 완성에 대한 부담감 내려놓고 자유롭게 그리기
- 유튜브 등으로 그림 그리는 방법 시청하기

명화 접하기도 추천한다. 자신만의 세계를 탐구한 미술가들의 작품을 접하는 것만으로도 아이는 다양한 주제와 기법을 만나며, 늘 그리는 스타일에서 벗어날 기회를 만나기도 한다. 게다가 미술가의 생애는 그 어떤 소설보다 재밌다. 우리에게는 고전 미술부터 현대 미술까지의 수많은 데이터가 있다. 그중 마음이 끌리는 명화, 쉽고 재미있는 명화를 찾아보자. 이렇게 그림을 만나고, 그리는 즐거움과 행복함을 느끼다 보면 표현하고 싶은 것들이 생겨날 것이고 자연스럽게 기호 사용이 줄어들 것이다.

물론 여전히 그리지 못하는 아이도 있을 것이다. 그림을 그리는 행위 자체가 다소 복잡하기 때문이다. 예를 들어, 잘 그려야 한다는 부담감은 연필을 잡는 자세에 영향을 주어 딱딱하고 긴장된 선을 내며, 경직된 자세는 마음을 불편하게 한다. 그리기에 있어 가장 중요한 건 아이 자신에게 '그릴 것, 표현하고 싶은 것, 인풋 된 것'이 존재하는 것이다. 마음속에 그릴 것이 넘쳐나고, 자유롭고 편안한 분위기여야 물 흐르는 듯 개성 있는 선이 나온다.

책을 읽고, 자연을 관찰하고, 친구와 놀고, 부모와 대화 나누고 여행한 경험, 음식을 먹고, 운동하고, 공부하고, 상상하고 멍때린 경험과 지식은 모두 인풋 된 그릴 재료다. 아이에게 그릴 것이 있는지는 중요하다. 그릴 것이 있어야 그림이 나온다. 자연스럽고 허용적인 분위기의 가정이라는 토양에서는 기호의 그림이 아닌, 나다운 그림이 피어난다. '경험, 마음, 자세' 3요소가 서로 영향을 주고받으며 순환되고 얽혀 그림으로 나오는 것이다.

아이들은 본능적으로 자신이 그린 것을 보여주고 싶어 한다.

"엄마, 이것 봐봐요!"

"선생님, 이것 좀 보세요."

자신의 그림을 보라는 아이의 말에 적극적으로 반응하자. 그림에는 세상에 대한 인식과 감정, 마음이 모두 담겨있다. 인지적, 사회적 성장, 감정적 상태를 이해할 수 있다. 기호 그림을 만난다면 그대로 두지 않고, 적극적으로 소통해주면 좋겠다. 일률적인 기호는 나의 개성을 담지도, 타인에게 감동을 주지도 못한다. 그림은 메꾸는 것이 아니라 '그리는 것'이고, 그림은 기호가 아니라 '나다움'을 담는 것이다.

최고의 날 (서율 7)

며칠 동안 비가 와서 놀이터를 못 갔다.
해가 쨍쨍한 날이 되어
드디어 우리 삼총사는 손을 잡고 놀이터에 갔다.
놀이터에서 하늘에 뜬 무지개를 보았다.
최고의 날이다.

친구의 그림

동진이와 선우는 5세 동갑 친구다. 둘이 함께 체험 수업을 마친 날, 동진 어머니가 동진이에게 말했다.

"너 왜 이것밖에 못 했어?"

그날 동진이는 동그라미를 마구 휘저은 알아볼 수 없는 그림을 그렸다. 동진 어머니는 재빨리 동진이와 선우의 그림을 번갈아 보았고, 선우 어머니에게 말했다.

"아니, 선우는 왜 이렇게 잘 그리는 거야?"

나는 아이마다 발달 속도가 다르고 오늘 활동에 적극적이었던 동진이의 모습을 열심히 말씀드렸지만, 동진 어머니에게 내 말은 들리지 않는 듯했다. 이런 애매한 상황은 종종 있다. 많은 엄마가 친구와 함께 체험 수업을 보내고는 결과물에 '차이'가 있음을 발견하고 서운해하거나, 아이에게 화난 표정을 짓는다.

전에도 6세 친구 둘이 함께 체험 수업에 온 적이 있다. 한 아이는 갑자기 엄마를 보고 싶어 해서 수업을 다 마치지 못했고, 한 아이는 80분 가까이 미술을 즐긴 데다, 알아볼 수 있는 형태와 순수하고 정직한 터치가 담긴 그림을 그려냈다. 수업을 채 마치지 못한 아이의 엄마는 아이에게 괜찮다고 말했지만, 표정은 괜찮지 않았다. 비교할 마음은 없지만 나도 모르게 비교하는 것이다. 내 아이의 작품이 마음에 들지 않으면 어쩔 수 없이 서운한 마음이 드러나기도 한다. 그러나 아이들은 이때 엄마의 표정을 본다. 엄마의 마음을 읽는다.

학원 운영 초기에는 이런 일도 있었다. 로비에 채현이의 그림을 전시했는데, 친구 지영이가 선생님께 물었다.

"선생님, 제 그림은 왜 안 걸렸어요?"

"지영이도 다음 주에 더 잘해서 로비에 걸어보자."

원장실에서 선생님과 지영이의 대화를 듣고는 지영이가 느꼈을 마음을 생각하니 먹먹해졌다. 로비의 전시 공간이 협소해서 번갈아 걸어준다고 말해주시면 좋았을걸. 왜 그렇게 말씀하셨을까. 이것은 '네 그림은 채현이 그림보다 별로야. 채현이가 잘했어'라고 말한 것과 같다. 선생님에게 바로 피드백을 드릴까 했지만, 즉시 말하지 못했다. 그리고 그 말을 로비에서 함께 들었던 지영 어머니는 조심스럽게 내게 말했다.

"원장님, 제가 보기에도 채현이가 잘했지만, 그렇게 선생님이 말씀하시는 건 아닌 거 같아요. 우리 지영이는 그림을 못 그린다고 선생님께 들은 거와 같아요. 다르게 말해주셨을 수도 있었을 텐데요."

순간 아찔했다. 알고 있으면서도 그냥 넘겼던 나의 안일함. 지영이와 지영 어머니에게 나 역시 상처를 주고 말았다. 그 후 선생님께 피드백해드렸다. 선생님도 미처 몰랐던 부분이라며 잘 이해하고 반성했다. 이렇게 미술 앞에서 많은 어른이 뜻하지 않게 아이에게 상처를 준다.

이렇게 되면 아이는 자신의 미술을 펼쳐가기 어렵다. 교사가 칭찬하는 그림, 엄마가 만족하는 그림을 그리기 위해 노력하게 되기 때문이다.

그리고 그것을 바른 미술, 맞는 미술로 여기기 쉽다. 어른은 아이의 그림에 대해 말할 때 굉장히 조심해야 한다. 아이들은 다 듣고 있다. 말로 한 것뿐 아니라 표정, 말의 뉘앙스, 심기까지.

어린이 그림을 보는 관점을 바꾸길 제안한다. 잘하고 못하고가 아닌, '다르다'라고 말이다. 다름의 관점을 마음에 깊이 새길 때 한 명의 어린이도 소외되지 않는다. 우리가 어린이 그림에 대해 말하기 전에 '옆에 있을 어린이'를 의식하면 좋겠다.

그리기 하라 보내는 엄마, 만들기 하러 오는 어린이

"선생님, 만들기 해요!" 오늘도 만들기를 외치는 아이들. 만들기는 보통 입체물을 만드는 활동으로, 아이들이 가장 편안해하는 놀이이자 가장 집중하는 놀이이다. 그리기를 싫어하는 아이는 많지만, 만들기를 싫어하는 아이는 거의 없다. 그러나 만들기를 한 날은 엄마들의 표정이 어둡다. 결과물이나 과정이 엄마들의 눈에는 '마냥 놀았다'로 보이기 때문이다('어, 또 쓰레기를 만들었네.'라고 생각할까 봐 뜨끔하기도 하다). 만들기를 절대로 하지 말아 달라고 요청하는 엄마들도 꽤 많다. 그러나 만들기에는 그리기로만 채울 수 없는 '무언가'가 있다. 그래서 나의 학원에서는 만들기를 한다.

엄마들은 왜 만들기 수업을 싫어할까? (물론 만들기 수업을 좋아하는 엄마도 있지만, 내가 만난 무수히 많은 엄마가 만들기 수업을 싫어했다) 그 이유는 아이를 미술학원에 보내는 목적이 '그리기 실력 향상'이기 때문이다.

당연히 미술학원에 시간과 교육비를 투자했는데 아이의 그리기 실력이 늘지 않으면 시간과 교육비가 아깝다. 그러므로 그리기 활동에 모든 미술 시간을 쏟기 바란다.

그러나 이것은 '미술은 그리기다'라는 생각에서 오는 편견이며 만들기의 보이지 않는 효과를 간과한 것이다. 만들기는 오늘도 집으로 잘 만든 쓰레기를 가져가야 한다고 생각하거나, '아이가 좋아하니 한 번 놀지 뭐.' 정도로 말하기에는 참 쓸모 있는 수업이다.

만들기 칭찬 좀 해보겠다. 만들기는 형태, 공간, 질감을 탐색하며, 스스로 방법을 만들고 도구를 다루는 활동이다. 무언가를 만드는 아이를 가만히 살펴본 적 있는가? 아이는 만들기에서 스스로 방법을 찾고, 문제를 해결하려는 주도적인 모습을 보인다. 나는 이런 '주도적인 시간'을 쌓아야 한다고 생각한다. 실수하고 실패하며, 고뇌하고 방법을 스스로 만들어내는 시간들 말이다 (물론, 그 시간을 보내려면 주변이 어질러지고, 난해하기도 한 결과물을 감수해야만 한다). 또한, 만들기는 어렵다. 재료를 입체화시키고, 덩어리와 공간을 이해하며, 제작물의 성격과 기능, 작품 세계 등을 담는 능력이 요구된다. 그런데 이 어려운 과정이 학습이 아니라 놀 듯이 이루어지니 이보다 더 창의적인 수업이 있을까.

무언가를 만드는 아이를 가만히 살펴본 적 있는가?
아이는 만들기에서 스스로 방법을 찾고,
문제를 해결하려는 주도적인 시간을 갖는다.

아직도 만들기를 무용하거나 마냥 노는 활동으로 생각하는 이들에게 좀 더 강조하자면, 만들기는 '종합적인 활동'이다. 생각이나 느낌을 드러내는 표현력, 문제를 해결하는 기술력, 창의적인 생각을 실험하는 사고력을 키우기에 매우 좋은 활동이다. 그래서 나는 만들기를 '사고력 미술'이라고 말하고 싶다. 오래 생각하고, 이리저리 비틀어 생각해보는 사고력 미술!

많은 아이가 무언가를 만들고 싶지만 만들지 못하는 상태에 빠져 있다. 그리고 이는 미술교육 현장의 딜레마를 야기한다. 스스로 방법을 구상하고, 실수로부터 배우고, 과도한 제약 없이 우당탕대며 만들어가게 하고 싶지만, 그렇지 못하니 교사가 순서와 재료가 같은 만들기를 준비하게 되고 따라서 만들게 하는 것이다. 물론, 그 과정을 통해서도 아이들은 즐거움을 느끼고, 디자인에 신경 쓰며, 작은 문제를 해결하거나 새로운 것을 떠올리기도 한다. 그러나 진정한 자발성과 개인적 발견을 고취하기에는 부족하다. 그러므로 아이들의 창의적 욕구를 충족시키기 위해 자유로운 창작의 시간을 주고 싶지만, 시간 내에 실질적인 성과를 거두기가 힘들고 아이들의 창작 능력 부족으로 많은 부분을 교사의 손에 의지하게 된다. 어쩔 수 없이 교사가 먼저 프로세스를 시연하고, 시범 작품을 만들어보는 과정을 거치는 식으로 진행된다. 교사는 이렇게 해서라도 만들기의 즐거움과 행복을 느끼고, 작은 문제를 해결해 나가고, 자신만의 기법을 시도하는 창의적인 순간을 만나길 바란다.

나는 매끈하고 멋진 작품을 만드는 것 이상으로 (비록 그것이 쓰레기처럼 보이는 작품일지라도) 아이들에게 탐험하고 창작할 자유 시간이 많았으면 한다. 그런 시간을 주기 위해 여러 날의 그리기 수업을 하는 것일지도 모르겠다. 또한, 아이에게 우당탕댈 수 있는 창작 시간이 집에도 꼭 마련되길 바란다. 세련되고 미학적으로 만족스러운 작품을 만드는 것 이상으로 (비록 그것이 나뭇조각처럼 단순한 것을 만드는 것을 의미하더라도) 아이에게는 일상적으로 탐험할 자유가 필요하기 때문이다. 탐험은 어린이에게 어울리는 행위다.

"손으로 제작하는 행위는 어린이를 행복하게 한다."

- 프란츠 치첵 -

만들기가 얼마나 위대한 예술인지, 미술가 백남준을 들어본다. 백남준은 텔레비전을 매체로 하는 비디오아트의 탄생을 위해 텔레비전 박사가 되어야 했다. 텔레비전 수리, 텔레비전 설치, 물리학 등 전문 서적을 탐독하여 캔버스에 그림을 그리듯, 텔레비전을 캔버스 삼아 표현했다. 그는 자신의 예술을 늘 '장난'이라고 했다. '놀이와 재미'가 자신의 예술의 핵심이라고 했으니까. 놀고, 실험하고, 창작하는 과정이 예술 그 자체가 되었다.

이 시간을 아이에게 제공한다고 상상해보자. 지금 우리는 자신만의 콘텐츠를 만드는 사람이 경쟁력을 갖는 세상에 살고 있다. 이때 필요한 능력은 통합적으로 사고하는 능력이다. 창작물이 폐기되더라도 아이의 실험정신은 존중받아야 한다. 아이디어를 발견하고, 문제를 해결하고, 실패를 경험하는 과정은 어린이의 성장에 필수적이다.

아이들에게 편식하지 말라고 격려하는 것처럼 만들기와 그리기를 함께 경험하는 아이로 자라도록 격려하자. 예술의 범위는 넓고 깊다. 그리기에만 집중하다간 진짜 예술과 더 멀어져 버릴지도 모른다.

거북선 제작 (주호 11)

"내가 거북선을 만든 건, 거북선에 대해 읽었기 때문이다.
내일은 개학이니, 개학의 마음을 깃발에 담자!"
자발적 동기는 미술에서 가장 중요한 재료가 된다.

상장의 진짜 소득

    미술학원을 운영하며, 자주 고민하고 염려하는 사안은 다름 아닌 미술대회다. 엄마가 되기 전에는 미술대회에서 아이들이 상을 '받게 하는 것'이 쉬웠다. 대단한 일이 아니었다. 아이가 아이디어를 내지 못하거나 효과적인 채색 방법을 모를 때 가르쳐주는 것을 미술 교사로서의 당연한 임무라 생각했다. 또 출산 전 홈스쿨을 할 때 각종 미술대회 출전과 수상은 원생을 모으기에 좋은 이벤트였다. 과학상상화 그리기 대회, 불조심 대회, 미래 자동차 그리기를 기본으로 각종 대회는 사업을 유지하는 마케팅 수단으로써 적합했다. 엄마들과 아이들은 상을 받길 원했고, 나는 가르치면 되었다. 작품은 나의 아이디어, 내가 정한 구도와 색, 나의 정갈한 터치로 마무리되었다. 상을 타면 잘 가르치는 교사로 인식되었고, 자연스럽게 입소문이 나고, 원생이 늘었다. 아이는 상을 타서 기뻐했고, 엄마도 좋아했고, 괜찮은 일이었다.

    문제는 내가 엄마가 되고부터다. 어른의 도움을 통해 상을 받는 것이 불편하고 찜찜해졌다. 내 것인지 아이의 것인지 헷갈리는 그림은 내가 생각하는 미술이 아니었다. 그러나 엄마들은 "미술학원에 다녔는데, 상장 하나는 있어야죠.", "원장님, 여기는 대회 준비 같은 건 안 하나요?", "대회에서 상을 타면 동기부여도 되고 자신감도 얻을 것 같은데….”라고 말했다. 흔들렸다. 교육결정권자인 엄마들의 요구사항을 외면하긴 어려웠다.

또 엄마들의 말이 아예 틀린 것도 아니었다. 나도 어릴 적 상장을 받으면, 좋았다. 지극히 평범한 나에게 있어 미술대회에서 받은 상장은 미술을 지속하는 힘이자 친구들 앞에서 당당할 수 있는 유일한 것이었다. 엄마도 좋아했고, 아빠도 좋아했고, 언니도 나를 인정했다. 지금도 상을 받는 순간의 내 모습까지 생생히 기억할 정도니, 상은 나를 더 잘하고 열심히 하도록 이끈 무엇임이 분명하다. 자 그럼, 고민이 깊어진다. 상, 필요한 거니까.

그래서 나의 학원에서도 미술대회를 준비한다. 교사들과 미술대회에 관해 회의했다. "미술대회를 준비하되, 아이들이 떳떳하게 상을 받아 기분 좋을 수 있어야 해요.", "스스로 고민하고, 아이디어를 내고, 그것을 밀도 있게 완성하는 과정을 경험시켜 줍시다.” 그러나 학원에서 미술대회 수업이 진행된다면, 과거 내가 가르친 미술과 얼마나 다를 수 있을지 염려됐다. 즉, 비슷한 과정을 어떻게 '의미 있게' 끌고 갈 것인지는 수업을 통해 아이들을 만나고 있는 교사의 몫이다. 그런데 미술대회 수업을 하며 알게 된 기막힌 사실이 있었다.

아이들은 생각하는 것을 잘하지 못했다!

"선생님, 모르겠어요."
"선생님, 생각이 안 나요."
"선생님이 정해주세요."

아이들이 자주 하는 말이다.

나의 학원에서는 정물, 실물, 작가의 그림, 인물 사진, 풍경 등을 보고 그리거나 정해진 주제, 재료, 교사가 제안한 연출이나 기법을 해보는 것에 익숙했다. 이 말은 처음부터 스스로 계획하고, 오래 고민하고, 선택할 필요가 없다는 뜻이다. 그러나 대회용 그림은 처음부터 빈 종이에서 출발한다. 생각이 터져 나오고 할 이야기가 충만해야 그릴 수 있다.

존 듀이는 미술에서의 사고력에 대해 '미술작품 창작 과정에서의 사고력은 다른 영역에서보다 고차원적인 사고가 요구된다'라고 말하며, 일반적인 암기식 공부와는 차원이 다른 사고력이 필요하다고 말했다. 그러나 요즘 아이들은 사색보다 인터넷 검색을 선택하며, 생각해야 할 상황에 처할 일도 적다. 생각하는 경험이 적으니 깊이도 없다.

마음 같아서는 수업 시간을 다 할애해서라도 '생각하는 시간'을 주고 싶은 마음이 간절하다. 그러나 현실에서는 아이가 수업 시간 내내 생각만 했다고 하면 엄마들은 이렇게 말할 거다.

"너 왜 아무것도 안 했어?"

엄마로서는 당연히 아이의 빈 종이를 이해하기가 쉽지 않다. 시간과 교육비를 투자했으니 눈에 보이는 결과물을 기대할 수 있다. 그러다 보니 나를 포함한 많은 교사가 아이 대신 생각해주고는 한다.

나는 대회에 관해 생각하는 시간, 아이들 스스로 생각할 수 있도록 하는 교수법을 찾는 시간, 브레인스토밍의 시간으로 차츰 변화를 주었다. 자기 생각을 쥐어짜 보는 시간, 이 생각이 어떨까를 고심하는 그 시간, 나의 온 지식과 경험을 연결 짓는 시간, 과목과 과목이 머릿속에서 자연스럽게 융합되고 연결되는 시간. 이 과정에서 아이는 내 생각이 쓸모 있기를 바라는 마음을 담게 된다. 이것이 바로 우리가 찾고 싶고, 잡고 싶은 창의성 아닌가. 그러면 이 시간은 가장 쓸모 있는 미술 시간이 된다.

"창의성은 특히 당신에게 중요한 누군가가
당신의 아이디어를 진지하게 받아들이게 하는 과정에서 시작된다."

- 하워드 가드너 -

그간 내게 미술대회가 골칫덩어리였던 건 상을 탈 것인가 말 것인가 결과에만 의미를 두어서였다. 상장을 받지 않으면, 대회의 의미가 없다고 생각한 거였다. 나처럼 수상 결과에만 의미를 둔다면 아이는 상에 걸맞은 그림을 그리고자 노력하기 마련이다. 미술대회는 그림 그리기에 대한 아이의 접근 방식에 큰 영향을 줄 수 있다. 어른들이 수상의 중요성을 강조하면 아이들은 자기만의 창의적인 아이디어를 탐구하기보다는 대회에 부응하는 그림을 그리는 데 집중할 수 있다. 이러한 시각은 독창성을 억누르고 자신이 진정으로 표현하고 싶은 것보다 수상할 만한 그림을 그리도록 하게 만든다. 그러나 우리의 역할은 상을 타게 하는 게 아니라, 창작에 대한 아이의 내재적 동기를 해치지 않도록 관리하는 것에 있다. 혹시 과거의 나와 같은 생각이라면 이제 미술대회의 의미를 재정립하자. 아이가 어떤 생각을 해보고 그것을 종이에 옮기는 경험이 미술대회의 진정한 의미라고 말이다. 세상에 자기 생각을 내보이는 이 과정이 미술대회가 주는 진짜 소득일 테니까.

"마음대로 그리면 창의력이 올라가는 느낌이에요."

- 9세, 지유-

지금 아이들은 창작을 대신해주는 인공지능 시대에 살고 있다. 인공지능 이미지 생성기 '미드저니'로 그린 그림이 콜로라도 주립 박람회 미술대회에서 1위를 한 것이 벌써 몇 해 전이니, 인공지능이 오직 인간의 영역이라 여겼던 창작의 영역에 등장한 것도 이제 놀랄만한 일은 아니다. 인공지능과 함께 사는 세상, 어린이들에게 인간다운 행위를 더 잘 해보자고 말하고 싶다. 상상, 생각, 사유… 이런 것들.

상을 받은 기억

초등학교 시절, 나는 평범한 아이였다. 공부를 잘 하지도 않고, 말썽을 부리지도 않고, 조용하기까지 한 존재감 약한 아이. 그런 내가 존재감을 발휘할 수 있는 영역이 딱 하나 있었는데, 바로 미술이다. 미술 시간에 그림을 그리면 친구들이 내 주위로 둥글게 모여 구경했고, 선생님은 항상 내 그림을 예시로 들어주거나 잘 보이는 곳에 걸어주었다. 이름석 자보다 그림 잘 그리는 애로 존재했다. 나도 그게 싫지 않았다. 그림 그리기 대회의 학교 대표를 지원받는 날이었다.

"대회 출전할 사람 손드세요!"

모두 나를 바라보는 듯했지만, 차마 부끄러워 손들지 못한 채 집으로 터벅터벅 돌아왔다. 내 마음은 물에 한껏 적셔진 옷처럼 무거웠다. '아까 손을 들 걸 그랬나? 엄마에게 말하면 엄마는 뭐라고 말할까? 엄마가 싫어할 거 같은데?' 엄마에게 말하면서 동시에 혼날 것을 예상했다. 역시 엄마는 내게 화를 터뜨렸다. 엄마는 나보다 더 나의 미술을 원하는 듯했다. 나의 그림 실력을 믿었고, 내가 미술을 전공하길 바랐다. 나는 엄마가 무서워서 다음 날 선생님께 학교 대표로 참가하고 싶다고 말했다. 선생님도 내가 학교 대표로 나가야 한다고 생각하셨는지 흔쾌히 내 이름을 명단에 적었다. 그렇게 나는 엄마의 불호령 '덕분에' 처음으로 학교 대표가 되었다. 만약 엄마가 그때 "그래 네가 출전하고 싶지 않으면, 하지 마. 네 뜻대로 해."라고 했다면, 선생님이 반 대표를 변경해주지 않았더라면, 나는 끝내 용기를 내지 못했을 거다.

4학년부터 6학년까지 한 명씩 출전했다. 나는 5학년 대표였다. 선생님들과 대회가 열리는 학교로 갔다. 서울의 많은 학교가 참가했고, 주제는 학교의 교정을 풍경화로 담는 것이었다. 내 손에는 도장이 찍힌 도화지가 주어졌다.

그 가을, 교정은 알맞게 아름다웠다. 초가을 날의 날씨가 선선했고 햇살은 금빛이었다. 나무, 벤치, 담장, 수돗가, 운동장이 저마다 일광욕하듯 빛을 받고 있었다. 도화지에 그릴 교정의 모습을 정하고, 계단에 앉아 야외용 이젤을 폈다. 수채물감이 나의 스케치 위에 쓱쓱 부드럽게 발렸다. 마음이 편안하고 그림이 잘 그려졌다. 대회에 나가고 싶다고 손을 들 용기는 없을지라도, 그림을 그리는 시간은 언제나 편안하고 행복했다. 대회였는데도 떨리지 않았다. 주위를 슬쩍 둘러보았는데 내 그림이 괜찮아 보였다. 왠지 내가 상을 받을 것 같았다. 돌아오는 차 안에서 선생님들이 말씀하셨다. "우리 학교 아이가 상을 받게 되니 여기까지 온 보람은 있네요." 세 명이 출전했으니 그 아이는 당연히 나라고 생각했다.

한 달 정도 흐른 뒤, 운동장 조회 시간. "우리 학교 학생이 서울시 초등학교 대표들이 출전한 그림대회에서 상을 받게 되었습니다. 호명하겠습니다. 김민영." 나는 교장 선생님 앞으로 나가 상을 받았다. 2등을 하게 되어 받은 결과였다. 지금도 엄마에게 혼났던 장면, 대회장에 가던 날 차 안에서 나누던 선생님들의 대화, 대회장 학교의 교정과 내가 그린 풍경, 검은색 야외용 이젤까지 장면 대부분이 생생히 기억난다. 그 기억은 어제의 것처럼 생생하고 행복한 기억이다. 내가 사랑하는 그림으로 상을 받은 건 삶에서 훅훅 따뜻한 자신감으로 올라왔다. 이 기억이 자신감이 된 이유는 '스스로' 해낸 결과여서다. 만약 어른의 도움을 받아 상을 받았더라면 어땠을까? 결과는 같았을지도 몰라도 자신감을 챙기진 못했을 거다.

엄마이며 교사로 살면서, 아이들에게 있어 '자신감'이 얼마나 소중한 자산인지 느끼고 있다. 난 미술대회에 대한 어른의 역할을 고심해봐야 한다고 생각한다. 어른은 아이의 대회를 무의미하게 만들어버릴 수 있다. 어른이 도와준 '빼어난' 그림보다 아이 스스로 그린 '고유한' 그림이 어린이한테 어울린다. 자신감도 챙길 수 있다. 자신감 없던 나도 이렇게 어른이 된 걸 보면.

3

어린이의 미술 성장

_다시 알기

어린이를 모르고,
어린이를 가르친다

"아이를 가르치는 게 너무 어려워요. 아이를 잘 모르겠어요." 미술 교사들이 자주 하는 말이다. 나 역시도 오랜 기간 아이들을 만나왔지만, 여전히 어린이를 가르치는 것은 어렵다. 미술을 가르치다 보면 미술 자체가 아니라 어린이를 몰라서 어려운 상황이 많다. 그렇다면 왜 어린이에게 미술을 가르치는 것이 어려울까?

우리나라에서 미술을 가르치는 교사 대부분은 미술 대학교 출신이다. 미술 대학에 가기 위해서 준비하는 것은 '실기'다. 나도 주말을 제외한 매일 저녁 6시부터 밤 10시까지 내리 그림을 그렸고, 수능을 치른 뒤에는 아침 9시부터 밤 10시까지 그림을 그렸다. 이것은 실기만 열심히 죽도록 배운다는 뜻!

그럼 대학에서 무엇을 배우느냐. 입학해서는 본격적으로 실기 작업을 하게 된다. 간혹 이론 수업이 있지만, 미술사 정도이며 보통은 다양한 매체를 다루며 자신의 전공 실기 능력을 키워간다. 즉, 미술대학은 미술가 양성을 목표로 하므로 교육과 학습자에 대해서는 가르치지 않는다.

그러나 미술교육은 '미술'과 '교육'이 합해진 영역이다. 그러므로 미술 교사는 미술가로서의 정체성과 교육자로서의 정체성 둘 다를 필요로 한다. 그런데 대부분의 미술 교사는 으레 어른의 미술 수준을 아이의 연령과 실력에 맞게 낮추어 가르치는 것을 어린이 미술교육으로 알아 온 것 같다. 그러니까 미대생은 어린이에 대해 배우지 않았으므로, 어린이를 모른다. 그런데도 많은 미대생이 어린이에게 미술을 가르친다. 결국, 대부분의 미술 교사는 어린이를 모르고 어린이를 가르치게 된다. 엄마가 되어본 적 없는 채로 엄마가 되듯, 미대인도 미술 교사가 된다.

미술 교사마다 다르겠지만, 미술 교사가 가장 어려워하는 대상은 대체로 유아와 아동이다. 나의 학원은 5세부터 수업을 진행하는데, 실제로 많은 교사가 5세 아이를 가장 어려워했다. 아이들은 자주 이렇게 말했다.

"난 모르겠어. 어려워."
"난 혼자 못하는데."
"그려주세요."

이때 교사는 갈등한다. 아이는 못 하겠다고 하고, 엄마에게 빈 종이를 보여줄 수도 없고. 이러다간 수업을 못 하는 교사가 되어 버릴 수 있다. 그러나 잠깐 멈춰 생각해보면, 우리는 안다. 아이가 그렇게 빨리 형태를 그릴 수 없다는 것을. 그러므로 우리는 오래도록 살아온 어른의 삶을 되돌려 5세 아이의 입장이 되어 봐야 한다. '5세는 무엇을 그릴 수 있을까? 얼마나 잘 그릴 수 있을까?' 생각해보아야 한다.

엄마가 빨리 알아볼 만한 그림이 나오길 바라는 마음을 은연중에 교사나 아이에게 비치면, 교사는 조바심이 난다. 또 엄마가 아이의 결과물을 보고 실망하는 표정을 보인다면 아이는 엄마의 표정을 기억한다. 학습한다. 교사도 흔들리기 시작한다.

우리 어른이 아이의 첫 그림을 충분히 기다리면 좋겠다. 아이의 눈과 손이 어떻게 반응하는지, 어떻게 도화지에 옮기는지. 아이가 그린 세상의 형태가 궁금하지 않은가? 어른이 그린 걸 따라 그리는 미술로 어린이 미술이 시작되지는 않도록, 참고 기다리면 좋겠다. 우린 어른이니까.

우리는 모두 한때 아이였지만, 아이에 대해 까맣게 잊고 어른이 된 삶을 살아간다. 그것이 어린이에 관해 공부해야 하는 이유다. 보편적인 발달단계를 알아두면 어린이를 이해하기 훨씬 쉽다.

아이들이 처음 시작하는 낙서가 무의미하지 않다는 것, 5세에서 7세경 나타나는 독특하고 재미있는 그림들(전개도처럼 펼쳐진 식탁과 침대의 형태라든가, 겉과 속이 한꺼번에 보이는 엑스레이 기법으로 그린다든가, 선을 긋고 "여기까지는 하늘, 여기까지는 땅이야."라고 말한다든가)의 의

미를 알면, 고쳐야 할 것이 아니라 세상을 이해하며 표현해가는 어린이만의 그림체라는 것을 알게 될 것이다. 물론, 아이들은 발달단계대로 자라지 않으며, 오히려 사회적, 문화적 상호작용에 큰 영향을 받으며 자란다. 그러나 어린이의 발달단계를 이해한 바탕 위에서 아이를 바라보면 당혹스러운 행동과 신기한 그림들이 술술 읽힌다.

지금에 와서 고백하면, "아이를 낳으면, 선생님도 어린이가 더 잘 이해될 거예요."라고 말하며, '아이를 낳은 나'를 어린이에 대해 아는 사람으로 여겼다. 아이를 낳지 않은 교사는 '엄마가 아니라 모를 수 있지.'라고 생각하며 엄마인 교사와 아닌 교사를 구분하고, 엄마가 아닌 교사를 이해해야 한다고 생각했다. 그러나 (엄마가 되고 나서야 어린이에 대해 이해하게 된 부분이 많은 건 사실이지만) 미술 교사의 전문성을 그렇게 단정 지은 건 자만이었다. 교사의 전문성은 어린이를 알아가고 공부하려는 마음, 나아가 어린이에게 배우려는 마음에 달려있다고 하는 편이 맞을 것이다.

지식 대부분은 수직으로, 위에서 아래로 적용된다. 어른이 어린이를 가르치게 된다. 그러므로 아이가 어린이 시절을 잘 보내는 데는 그만큼 어른의 역할이 중요하다. 어른이 자주 하는 실수는 내가 원하는 그림을 아이가 그려주길 기대한다는 점이다. 우리가 어린이를 공부한다면, 그런 실수는 줄어들 것이다. 어린이를 공부하자. 어른이 어린이를 공부해야, 어린이가 어린이다운 시절을 보낼 수 있다.

들판을 뛰노는 동물들 (윤제 6)

5세에 만난 윤제가 6세가 되었을 때다. 윤제의 미술은 마치 '플로우 Flow' 상태를 경험하듯 자연스러웠다. 플로우 상태란 물 흐르듯 편안하고 자연스럽게 몰입한 행복의 상태를 말한다. 분명 몰입이었다. 나는 가끔 아이들이 몰입한 순간을 보면 발걸음을 가만히 멈춘다. 미술에 흠뻑 빠진 상태를 방해하고 싶지 않아서다.

나는 이런 가슴 뛰는 순간을 만날 때마다 교사의 역할을 다시 생각해본다. 내가 많이 가르치려 할수록 어린이의 미술은 방해받을 것이다. 창의성 중심 학자들은 교사의 역할이 촉매자의 수준을 넘어서지 말아야 한다고 했다. 자유롭게 표현할 수 있도록 격려하고 동기를 부여하는 역할이면 충분하다는 것. 학자의 말이 책 속에만 머무는 것이 아닐 때, 현장에서 그런 순간을 마주할 때, 가르치는 행위를 글과 비교해가며 나는 작은 전율을 느낀다.

윤제는 지금 12세가 되었지만, 나는 윤제가 그림 그리던 모습을 지금도 생생히 기억한다. 생각이 연속적으로 떠올라 주체할 수 없이 그려냈던 윤제. 윤제는 그때 무엇이 떠올라서 말없이 그림에 빠져 손을 그리도 바삐 움직였을까. 윤제가 그린 그림 속 동물들은 어떤 마음으로 너른 들판을 그리 뛰었을까. 윤제의 그림을 보며 생기로 충만한, 동화 속 이런 표현이 어울린다.

"나는 젊음이다. 기쁨이다. 나는 알을 깨고 나오는 작은 새다."

- 『피터 팬』 중에서 -

노란빛이 나는 수영장 (준형 7)

준형이가 간 수영장의 불빛은 노랗다.
노랑과 파랑이 대비된 준형이의 수영장에는
군데군데 음식점이 있고, 화장실이 있다.
물속에 다이빙하는 사람이 보이는데,
마치 연속으로 찍은 사진처럼 일일이 동작의 변화를 주었다.
가장 '어린이'다운 부분이다!

학교로 숨었다

"박사과정을 통한 최종 목표가 뭔가요?" 대학원 면접 중 교수님이 물었다. "(아, 목표는 없는데) 공부하고 싶어서 지원했습니다." 목표와 의욕이 없어 보인 건지, 교수님은 고개를 저었다. 그러나 다행히 합격했고, 학생이라는 신분을 오랜만에 챙겼다. 숙제가 주어지는 새로운 변화는 버겁지만 생기로웠다. 전공 서적과 논문을 읽고, 몰랐던 학자들을 알아가며, 내면에서 질문들이 솟아났다. 그런 질문들을 교육 현장에서 시도해보는 과정이 신기했다. 오랜만에 어떤 영감 같은 것이 일렁거리는 기분이 들었다. 소진되는 삶에서 생산하는 삶으로 옮겨가는 그런 기분.

그런데 엄마 역할, 교사 역할, 사장 역할에 학생 역할이 추가되자 자주 허둥댔다. 학교에 다닌다고 일에 소홀할 수도 없고, 일하고 공부하는 엄마라고 해서 육아에 소홀할 수 없으니 내가 벌인 일에 최선을 다하는 수밖에 없었다. 그러던 어느 날 이웃 엄마에게 박사 과정을 시작했다고 하니 "욕심이 많네."라고 했다. 친구는 "그렇게 안 해도 학원 잘 되잖아. 그걸 어떻게 다해?"라고 했고, 친언니는 "그러려고 공부하냐?"라고 했다. 이쯤 되니 공부에 남 눈치가 보이고 불편해진다. 내적 동기로 움직이는 사람은 넘치는 자발적 에너지로 주변에 좋은 영향을 준다는데 현실에서는 달리 작용하는 것 같았다. 마흔쯤 되니 이제 좀 하고 싶은 것이 선명하게 보이는 것 같은데, 분이 났다. 왜 안 되는 걸까? 엄마가 애 안 키우고, 공부하는 것.

그런데 이상했다. 나는 왜 책 읽고, 공부하고, 학교 가고, 못 쓰는 글을 이렇게 힘들게 쓰고 있을까. 드라마와 예능을 보거나 사람과 만나 놀고, 수다를 떨던 나인데. 어쩌다 사람을 만나는 게 싫고, 업무 외 카톡을 읽지 않는 사람이 되어버렸을까. 나는 주 6일, 1호점과 2호점을 동분서주하며 사람들을 만난다. 교사, 학부모, 아이들 또는 처음 만나는 사람들. 매일 이렇게 지내다 보면 토요일 오후쯤 긴장이 풀리고 낯선 피로가 몰려온다. 그러나 머리는 24시간 일 생각뿐이다. 무엇을 보고 떠오른 생각은 곧잘 일이나 일과 연결된 사람으로 이어졌다.

나이키의 창업자 필 나이트Phil Knight는 "내 삶이 온통 일뿐이고 휴식이 없을지라도. 나는 나의 일이 휴식이 되길 원했다."라고 했다. 나도 그처럼 좋아하는 일을 함으로써 일이 휴식이고 휴식이 일이길 바랐건만, 점점 '난 이렇게는 절대 못 살아.'를 외치고 있었다. 가랑비에 옷 젖듯, 조금씩 쌓인 일의 무게감과 피로가 조용히 나를 짓눌렀다.

다시 내 안의 목소리에 귀 기울였다. '나는 지금 무엇을 하고 싶지? 일을 잘하고 싶지만 일에 치이는 건 싫어. 이렇게 계속 학원을 운영하며 살 수 있을까? 나는 쉬고 싶은가, 다른 일을 하고 싶은가.' 끊임없이 자문했다. 그 결과 나는 여전히 일을 좋아하고 있었고, 무언가를 갈망하고 있었다. 그렇게 공부를 시작했다. 학원은 잘되고 있었지만 계속 미진함을 느꼈고, 미술은 너무 큰데 나의 미술은 함량 미달이었다. 내가 몰두

할 무엇! 내게 필요하고 도움이 될 무엇! 그렇게 마흔이 넘어 다시 학교에 갔다.

학교에 가는 건 미지의 섬으로 가는 기분이었다. 학교를 오가는 차 안이 행복했다. 운전대를 잡으니, 생각도 잘 났다. 바깥 풍경도 좋고 흘러나오는 라디오 클래식도 좋고. 시간의 흐름을 보여주는 꽃과 나무, 학교 건물의 고전적 모습과 가로등. 학교 잠바를 입은 대학생들을 보는 것. 교정을 혼자 걷는 것. 강의하는 교수님의 표정, 어조, 어감, 어색. 교수님의 언어와 사유. 학생이 되어 좋았다.

학교에 가는 날은 내게 공식적인 은둔의 시간이었고, 학교는 공식적인 은둔의 공간이었다. 학교 가는 날엔 일과 육아에서 빠져나와 어떤 경계를 넘는 기분을 느꼈고, 학교는 오롯이 홀로 시간을 보내는 도피처이자, 주어진 역할에서 분리되어도 죄책감 들지 않는 곳이었다. 나는 발산만 하고 응축하지 못했던 시간을 마음껏 즐겼다. 생각이 자유롭고 많아졌다. 이렇게 응축한 시간에 마음에 들어온 것들을 양분 삼아 다시 학원으로, 집으로 복귀했다. 개운했다.

『은둔의 즐거움』 신기율 작가는 나를 지치게 하는 세상과 적당히 멀어지는 연습을 하라고 말한다. 누구나 은둔의 시간을 가져야 할 것을 강권한다. 사실 반복되는 일상에선 이런 생각을 할 틈이 생기지 않는다. 자신과 만나는 시간은 혼자만의 시간을 확보할 때만이 이 답은 얻을 수 있다. 자신을 가장 최우선에 두고 생각과 고민에 몰입해보자. 내 안에 어떤 갈망과 두려움이 있는지. 어떤 요구가 있는지.

학교에 은둔한 것은, 내 감정을 최우선에 둔 결정과 실행이었다. 이렇게 해서 얻은 생각과 영감을 잘 사용해 내고 싶다. 가끔 학원에서 아이를 돌보느라 퍼석해진 엄마들을 만난다. 어떤 날은 달려가 짐을 들어주고, 아이의 옷을 받아주거나 땀을 닦을 휴지와 물을 건네기도 한다. 그러곤 안부를 물어 엄마의 하루를 살핀다. 아이의 하루를 돌보느라, 당신의 하루를 기꺼이 내준 엄마의 하루. 나도 그런 하루를 잘 아는 한 명의 엄마니까. 그래서 말이지만 나는 엄마들이 은둔에 욕심냈으면 한다. 아이들을 잠시 학원에 두고 홀로 커피 마시기, 쇼핑하기, 산책하기, 내친 김에 혼자 여행은 어떨까. 나의 오지랖일지도 모르나 나는 엄마들에게 '혼자인 시간'을 추천하고 바란다.

여러 번, 이 글을 책의 흐름에 맞지 않는 뚱딴지같은 소리로 여겨 빼려고 했었다. 그런데도 끝까지 이 글을 넣는 이유는 감히, 책을 내려놓고 당신이 욕심냈으면 해서다. 당신의 은둔을.

어린이의 창조,
그 첫걸음(2~4세)

아이가 태어났다. 아이는 아직 말은 못 하지만 무언가 그리고 싶어
한다. 마구 그린다. 그린다기보다는 휘젓기에 가깝다. 손에 크레용을
쥐고 팔을 휘젓는다. 종이에는 금세 아이의 자유로운 활동의 흔적이
남는다. 새로운 종이를 준다. 그 종이 역시 알 수 없는 활발한 움직임
으로 가득 채워진다. 난화, 아이의 창조적인 활동이 시작되었다.

아동중심, 창의성 중심의 대표적인 미술교육학자 로웬펠드는 이
시기를 '난화기'라고 명명하며 '난화는 어린이에게 진지하고 의미 있
는 활동이다'라고 말했다. 난화는 아이들이 마구 그리는 '낙서와 같
은 그림들'을 의미한다. 아이의 이러한 그림들, '행동들'이라고 말해
야 하는 것이 더 맞을 거다.

나는 엄마가 아니었을 때, 그리고 미술교육을 공부하기 전에는 아
이의 이런 행동을 눈여겨보지 않았다. 아마 많은 부모가 이런 낙서와

같은 그림에 별 관심을 두지 않을 것으로 생각한다. 그러나 아이는 지금 창조적인 활동을 하고 있다. 꼬물꼬물 움직일 수 있는 자신의 작은 손으로.

아이는 지금 종이에 남겨진 결과물이 중요하지 않다. 아이에게는 알아볼 만한 형상과 형태를 그리기 위해 노력하거나 꼭 그리려고 하는 무언가가 있는 것이 아니라, 그저 그저 손의 움직임, 근육 활동을 경험하고 있을 뿐이다. 이 움직임이 좋은 것이다. 그렇게 아이의 첫 그림이 시작된다.

이 활동에서는 구태여 형태를 찾을 필요가 없다. 우리가 자칫 범할 수 있는 위험하고 의미 없는 행동은 바로 아이의 그림에서 '사실적인 형태'를 찾으려고 하는 것이다. 어떤 형상을 찾는 일은 어른을 위한 일이지, 결코 아이를 위한 일이 아니다. 그것은 아이를 방해하고 자유로운 그리기 행위를 억압할 뿐이다.

여기서 조금 더 위험한 행동은 그리기를 '가르치려고' 하는 것이다. 무언가를 따라 그리는 것으로 그리기를 시작하면 아이들은 자유로운 표현에 주저하게 된다. 이렇게 그림이 좌절의 경험으로 기억되면, 자신의 행위에 대한 자신감과 책임감을 키우기 어렵다. 비단 미술의 영역에만 해당하는 것이 아니다. 이는 아이가 세상을 바라보고 대하는 태도로 연결된다. 아이의 자유로운 표현이 어른으로부터 제재를 당했기 때문이다. 어쩌면 가장 사랑하는 엄마로부터.

아이의 세상을 향한 표현이 시작되었다.
자신 있고 충만하게 표현하렴. 너의 세계를.

이 시기에 필요한 부모의 역할은 무엇일까? 바로 '인정과 기다림'
이다. 아이의 미술 행위를 인정하고 그대로 바라봐주고 격려하
자. 나는 이상하리만큼 주호가 어떤 것을 '그리길' 바랐다. 그러나
기다렸다. 그랬더니 당황스럽기만 한 추상 그림이 형상을 띈 구상 그
림이 되어갔다.

로웬펠드는 2세에서 4세의 난화기 그림을 세 단계로 나누었다. 마
구 그리는 난화기, 조절된 난화기, 이름 붙이는 난화기. 내가 모은 주
호의 그림 흔적들도 살펴보니 조금씩 차이가 있었다. 마구 그리던
낙서에서 힘을 조절하고 색에 관심을 둔 그림으로 발전하다가 그림
에 이름을 붙이기 시작했다. 아이의 생각을 들을 수 있는 시기가 되
었다면 아이의 그림 이야기에 귀 기울이자. 나는 어느 날 아이의 그림

내용을 적어두었다가 퇴근하고 온 남편에게 문제를 냈다. 남편은 그어떤 추상화보다도 어려운 그림을 맞히느라 고민했고, 문제의 답을 듣는 순간 하루 중 가장 크게 웃었다. 아래 3개의 그림이 무엇인지 마음껏 상상하여 맞혀보길 바란다.

근육운동에서 상상의 사고로, 무의식에서 의식으로 변화한다.

답은 차례로 카멜레온, 할머니, 엄마와 아빠다. 하늘색 도화지의 그림은 왜 색을 구분하여 그렸을까 궁금했는데 엄마와 아빠였다 (하늘색으로 엄마를 그리고, 하늘색을 내려놓고, 파란색을 집어 아빠를 그렸겠지). 아이가 그린 첫 엄마와 아빠 그리고 아무것도 아니라고 생각한 그림에 '엄마'라고 이름을 붙여주었을 때의 기쁨을 당신도 경험해보았으면 한다. 날짜와 그날 나누었던 대화를 적고 벽에 붙이거나 앨범에 넣어보는 것도 좋겠다. 아이의 '자기표현'의 출발을 축하하자. 진짜 그림이 시작되었다. 필요한 건 기다림과 인정뿐. 사실 가장 쉬운 일이다.

미술의 출발, 연필 잡는 법

5세 그리기의 출발이자, 미술 시작의 포인트는 바로 '연필 잡는 자세'다. 아이의 미술 여행은 부모가 연필을 올바르게 잡는 방법을 가르쳐줄 때 시작된다고 보면 된다. 주먹을 쥔 상태로 연필을 손가락 전체를 사용해 잡고 있다면 그림 그리기가 아닌 낙서에 머물게 된다. 연필을 바르게 법은 다음과 같다.

손의 형태:

연필을 엄지와 검지로 잡고 중지에 걸치게 한다. 이때 연필심 가까이 잡지 않도록 하자. 연필의 깎인 면이 다 보여야 한다.

간격:

종이와 눈 사이의 거리는 20~30cm가 알맞다. 아이들에게 30cm 자가 들어갈 정도의 간격을 유지하라고 하면 좋다. 단, 세밀하고 작은 부분을 그리거나 채색할 때는 연필을 가까이 잡고 고개를 숙이게 되며, 크고 과감한 형태를 그릴 때는 연필을 뒤로 잡고 고개를 젖히게 될 것이다. 그림의 내용에 따라 유연하게 조정할 수 있다.

연필을 처음 잡는 아이에게는 주먹으로 잡지 말고, 엄지와 검지로 잡고 중지에 걸치기를 알려주자. 그림을 그리는 데에 있어 자세가 차지하는 비중은 크다. 물론 다양한 방법으로 젓가락을 쥐고 젓가락질할 수 있듯이 그림도 다양한 연필 잡는 법으로 그릴 수는 있다. 그렇지만 연필을 바르게 잡으면 어떠한 형태든 그리기 쉽고 유연하게 선의 질도 변형할 수 있다. 올바른 자세는 아이들이 자신의 움직임을 더 잘 제어할 수 있게 해주고, 정확하고 자유로운 표현을 가능하게 한다. 5세가 되었다면, 그리기의 세계로 안내하자. 연필을 바로 잡고.

미술교육기관, 어떻게 고를까?

가정:

유아기 아이에게 엄마는 아이에게 가장 안전하고 편안한 선생님이다. 간단한 미술도구로 아이와 20~30분 미술 활동을 해보자. 아이 혼자서 미술을 할 수 있도록 환경을 마련해주는 것도 좋다. 미술 재료를 담을 카트나 보관함을 준비하고, 재료의 사용과 정리를 알려주자.

퍼포먼스형 기관:

물감 등의 재료를 활용해 미술로 놀 수 있는 활동을 제공하는 기관이다. 재료에 대한 거부감을 줄이고, 미술의 즐거움을 몸으로 경험할 수 있다. 단, 아이가 거부한다면 억지로 시킬 필요는 없다. 퍼포먼스형 미술은 집에서도 충분히 할 수 있다. 욕실, 부엌 등 집 안에서 엄마와 안전한 미술놀이를 시작하자. 아이의 첫 미술 선생님은 엄마여야 하니까.

방문 미술:

선생님이 간단한 미술 재료와 전문 교재 등을 가지고 방문하는 형태다. 주로 선생님과 일대일 수업으로 진행되고, 집이라는 편안한 환경에서 시작할 수 있다. 미술교재에 대해서는 엄마도 관심을 가지고 살펴보면 좋겠다. 너무 딱딱한 문제집형 미술교재보다는 자유롭게 표현할 여지가 많은 미술교재가 좋다. 정해진 커리큘럼이 있긴 하지만, 아이의 개별적인 상황을 고려해 유연하게 진행해주면 좋다.

홈스쿨:

집과 비슷한 공간에 전문적인 교사, 재료, 교구를 갖춘 환경이라 편안하게 미술을 시작할 수 있다. 그룹 수업을 시작할 수 있고, 교습소나 학원과 비슷한 형태이지만 공간이 집이라는 점이 다르다.

교습소와 학원:

미술 재료와 미술 하기 편한 시설을 갖춘 공간이다. 어느 곳이나 비슷하지만, 낯선 공간을 좋아하지 않는 아이라면 미리 둘러보거나 이야기 나누면 편하게 미술을 시작할 수 있다. 한 반의 정원과 연령대를 살펴보고, 함께 시작해서 함께 마치는 수업인지 아니면 자유로운 로테이션식 수업인지 알아두자. 전시된 작품을 통해 사용하는 재료를 확인해보는 것도 추천한다.

기관마다 프로그램, 교수법, 교육 환경이 다르므로 체험 수업을 받아보고 아이에게 맞는 기관을 선택하자. 그리고 기관을 선택했다면 되도록 결석 없이 성실히 참석하자. 꾸준히 참석해야 체험이 아닌, 교육이 일어난다. 미술과 학습자에 대해 꾸준히 공부하고 연구하는 기관을 더없이 추천한다.

다시 오지 않을 보물 같은
그림 시기(5~7세)

피카소. 클레, 칸딘스키, 뒤뷔페, 마티스, 미로… 너무도 유명한 미술가들이 아이들의 순수한 그림을 부러워했다. 기술적 훈련, 사회적 의식과 기대감 없이 그린 본능적이고 자유로운 표현을 극찬했다. 미술가들이 동경한 아이만의 경이로운 그림은 이 시기에 쏟아진다. 미술의 골든타임이 시작되었다!

> "모든 어린이는 예술가다.
> 문제는 어떻게 해야 이들이 예술가로 남느냐다."
>
> - 파블로 피카소 -

도대체 5세에서 7세 아이들의 그림에는 어떤 특징이 있는 걸까. 명화를 감상하듯 어린이 그림을 열심히 감상해보자. 그들의 그림에는 뭔가 특별한 게 있다.

이 시기 아이들은 상징적인 그림을 그리며, 단순한 모양으로 시작한다. 예를 들어, 사람을 그린다면 머리를 큰 원으로, 팔다리를 막대기 선으로 그린다(이 그림을 '올챙이 그림', '두족인'이라고 부르기도 한다). 또한 기호나 도형, 패턴, 글자가 등장한다. 예를 들어, 집은 항상 정사각형 바닥과 삼각형 지붕으로 그린다. 하트나 별 등의 기호가 자주 나타나며, 숫자나 한글, 영어를 반대로 쓰기도 한다. 이것은 아이가 그림을 그려나가는 자연스러운 현상이다.

사용하는 색도 독특하다. 보이는 색이 아닌 '좋아하는 색'을 사용하는 것이다. 핑크 공주, 핑크 엄마, 핑크 집… 아이들 그림에는 세상과 맞지 않는 색이 등장한다. 좋아하는 색뿐 아니라, 과감하고 엉뚱한 색의 선택도 아이들의 탁월한 능력이다. 나는 아이들에게 색 선택을 맡기는 편이다. 아이들이 고른 색은 세련되지 않았을지라도 훨씬 감각적이고 진정하다.

사막 (지동 5)

지동이는 더운 사막을 그리고자
동그란 해 주위의 화살표를 빙그르르 돌려 표현했다.
936×636mm의 종이를 생각하면
5세 지동이가 해를 얼마나 열심히 그렸을지 상상이 간다.
이 해를 기호 그림으로 보기는 어렵다.
화살표로 이글이글 타오르는 태양을 표현한 주관적인 해다.

124

생일 파티 (채은 7)

채은이의 그림 속에는
아빠의 생일을 축하하는 마음이 담겼다.
고깔모자를 쓴 동물 가족이 멍멍 말하고 있고,
플래카드에는 영어와 숫자까지 등장하여 생일 축하를 전한다.

곡선 도시 (민하 7)

훈데르트바서의 작품 감상 후 그린 민하의 곡선 도시.
민하의 세상에서는 용을 타고 다니고 해파리 엘리베이터가 있다.
무지개 학교에서 공부하고, 자연을 볼 수 있는 전망대를 이용할 수도 있다.

제시카 호프만 데이비스는
'예술은 주어진 것을 넘어 스스로 상상할 수 있게 하며,
모호한 상상의 세계를 독특하게 다룰 수 있다'라고 말한다.
민하의 그림에는 측정하고 도달하기 어려운 모호한 탐구가 있다.

126

미술가들이 어린이의 미술 능력을 부러워하듯이, 나는 어린이들의 '공상 능력'이 가장 탐난다. 아이들은 그림 속 요소들 사이사이에 이야기를 만든다. 자신만의 생각, 감정, 경험을 그림 안에서 자유롭게 공상하여 표현한다. 이 공상 능력 덕분에 아이만의 천진함과 단순성의 그림들이 그려진다. 억제되지 않은 자유분방함과 장난기 가득한 이야기의 힘이 그림 속에서 질서 없이 쏟아진다. 허식이 없고 순수하고 필터링되지 않은 표현은 아이라서 가능한 것이다.

그렇다면 그림에 자주 등장하는 주제는 무엇일까? 바로 '좋아하는 것'이다. 나, 엄마와 아빠, 할머니와 할아버지, 토끼, 곤충, 공주, 자동차 등이다. 그리고 이러한 주제에는 대중매체와 시각적 경험도 반영된다. 좋아하는 것을 그리는 것은 꽤 오랜 시간 계속된다. 자, 그럼 보물 같은 5세에서 7세 아이들의 그림에서 볼 수 있는 신기하고 독특한 형태적 특징을 알아보자.

- 전개도식 표현: 전개도처럼 아는 것 펼쳐서 그리는 방식이다. 예를 들어, 테이블을 그린다면 다리가 4개라는 걸 알기에 4개의 다리를 모두 그린다.
- 엑스레이 표현: 엑스레이를 찍은 것처럼 보이지 않는 안까지 그리는 방식이다. 예를 들어, 자동차를 그린다면 내부와 외부가 동시에 보이도록 그린다.
- 무중력 표현: 물체가 무중력 상태로 둥둥 떠 있는 것처럼 그리는 방식이다. 세상에 대해 이해하기 시작하면 선을 그어 땅과 하늘을 구별하기 시작하는데, 이 선을 '기저선'이라고 한다.

위의 특징을 보면, 아이는 보이는 대로 그리기보다 자신이 '아는 대로'를 그린다. 어린이 그림을 관찰하면 무엇을 알고 있고 무엇에 관심이 있는지를 알 수 있다. 사실적 재현에 익숙한 어른의 눈에는 아이들의 표현이 장난스럽거나 우스워 보이기도 한다. 그러나 이러한 어린이만이 가능한 논리와 법칙들은 이 시기에만 만날 수 있기에 더욱 소중하다.

블루 시계 (한결 5)

한결이는 '블루'를 좋아한다. 그래서 5세 한결이의 주제는 '블루'다.
이날도 당연히 좋아하는 블루가 그려진 시계를 만들었다.
부모님께 묻지는 않았지만, 아마 이 시계를 집에 잠시 두고 감상했으리라
추측해본다. 한결이의 부모님은 언제나 한결이의 주제를 존중했으니까.

춤추는 동물들 (주호 6)

흘러나오는 음악과 바람을 맞으며,
무중력 상태로 둥둥 떠다니는 동물들.
네 마리의 동물 중, 두 마리의 다리 한쪽을 칠하지 않았는데,
우연적인 이 상태 덕분에 그림은 더 훌륭하게 다가온다.

나의 세계 (찬영 7)

찬영이는 어린이만이 그릴 수 있는 그림을 잘 그린다.
어린이 그림은 이런 거라고, 찬영이가 가르쳐주는 것만 같다.
찬영이는 상상과 공상을 자유롭게 넘나든다.
『빨강 머리 앤』의 앤처럼 사물과 자연물에 이름도 잘 붙였다.
나는 찬영이의 그림을 보면 어린이날이 떠오른다.
5월은 푸르구나, 어린이는 자란다~!

이 시기에는 무엇을 가르치려고 하거나 수정하기보다 스스로 표현할 수 있도록 격려하는 분위기가 중요하다. 색연필, 크레용, 파스텔, 마커, 물감, 점토 등 다양한 미술 재료는 아이에게 훌륭한 미술 교사의 역할을 해줄 수 있다.

나는 가정에 미술 카트를 마련하길 추천한다. 약간의 재료와 약간의 시간을 지원하고 아이의 그림에 반응함으로써 엄마는 아이의 멋진 미술 선생님이 될 수 있다. 단, 가정에서만 그림을 지속할 경우 늘 비슷한 것만 그릴 수 있으므로 전문기관의 도움을 받는 것도 추천한다. 다채로운 주제를 제안받고, 또래와 함께 미술을 하며, 전문적이고 다양한 재료를 접하면 미술을 확장할 수 있기 때문이다.

간혹 "창의미술은 필요 없고 학교 미술을 가르쳐 주세요.", "기술적인 연습을 시켜주세요.", "만들기는 하지 말아주세요."라는 요청을 받고는 한다. 부모들은 이 시기에만 그릴 수 있는 그림들이 얼마나 소중한지 모르는 것 같다. 아마 어른스러운 그림을 기대하기 때문일 것이다. 그리고 미술학원에서는 아이다운 그림보다는 발달단계보다 앞서가는 미술을 배워야 한다고 생각하는 것 같다. 실제로 아이가 그린 그림이 실제와 비슷하거나 기술적 표현이 많을수록 엄마들은 감탄한다. 나 또한 이런 반응을 의식하고 때로는 아이보다 엄마를 위한 미술 주제를 진행하기도 했다. 하지만 이 시기에만 만날 수 있는 미술을 부모가 건너뛰지 않았으면 좋겠다. 아이의 어린 시절 그림을 충분히 만끽하고 사랑해주었으면 한다(머지않아 사실적 형태에 관심을 두는 시기가 도래할 테니 조금 더 이 그림들을 만끽하면 어떨까).

가만히 생각해보면 엄마들의 요청은 아이를 위한 미술이 아니라, 타인을 위한 미술인 것 같다. 타인이 인정하는 그림, 학교에서 필요할 것으로 생각하는 그림 말이다. 그러나 미술은 오로지 내 아이의 것이어야 한다. 자신의 삶과 연결된 그림을 그리는 것이 진정한 미술이 아닐까. 이에 치첵은 어린이 미술에 있어서 '안정감'과 '중요성'에 대해 말한 바 있다. 여기서 안정감은 어떠한 미술도 허용되고 펼칠 수 있는 긍정적 분위기를 말하고, 중요성은 어떠한 작품이라도 소중하다고 여기는 신뢰에 기반한다. 우리가 이 두 가지를 아이에게 지원한다면 아이는 자신의 예술적 여정을 펼치며 즐길 수 있을 것이다.

이 시절, 아이의 그림은 돌아오지 않는다. 아이가 '어린이 그림'을 만끽하고 그릴 수 있는 건 분명 어른의 몫이다. 이때만 만날 수 있는 아이의 그림을 충분히 사랑하자. 아이들에게는 어린이 미술을 할 권리가 있다.

"어린이의 그림은 수정해야 할 것이 아니라,
자연스러운 성장 과정의 기록이다."

- 빅터 로웬펠드 -

미술을 처음 해요

　"내년에 학교 가야 하는데 그림을 그려본 적이 없어요. 특별히 미술 활동을 돕지는 않지만 못 하게 한 적은 없는데… 통 뭘 그리지를 않아요." 민호 어머니가 말했다. 그렇게 초등학교 입학을 목전에 둔 민호와 만났다. 첫 수업 날, 민호는 조금 주저하다가 조심히 교실에 입장했다. 마침 크리스마스가 다가오는 시점이어서 '겨울'을 주제로 수업 중이었다.

　"민호야, 이건 겨울과 크리스마스에 연상되는 이미지들인데, 민호가 그리고 싶은 거나 떠오르는 게 있으면 말해줘."

　민호는 머리를 긁으며 부끄러워했다. 이런저런 이야기로 말을 걸어보았지만 좀처럼 민호의 긴장한 기색은 가시지 않았다. 결정하는 시간이 길어지면 시작은 점점 어려워진다.

　"(오늘 미술의 첫 단추를 잘 끼워야 할 텐데) 민호야, 아까 올 때 춥지 않았어? 선생님은 엄청 춥던데. 오늘 바람 많이 불더라." 민호는 고개만 끄덕일 뿐이었다.

　"겨울에 뭐 하는 거 좋아해? '겨울' 하면 생각나는 거 있어?"

　옆에서 다른 아이들은 스키장이며 눈썰매, 산타 할아버지와 선물, 여행 이야기로 그림을 점점 확장하고 있었다. 한참 후에야… 민호는 눈사람에 반응했다.

"눈사람 만들어본 적 있어? 그때 어떻게 만들었어?"

"…"

"우리… 눈사람 그려볼까?"

민호는 처음으로 동그라미 하나를 그렸다. 작은 동그라미였다. 민호의 연필 잡는 자세를 살폈다. 연필을 가까이 잡고 있어서 연필을 쥔 손이 종이를 가리고 있었지만, 손에 잘 쥐고 있었다. 그런데 연필을 가까이 잡다 보니 종이에 그려지는 그림을 보기 위해 고개를 숙이게 되고, 힘을 준 손 때문에 그림이 작고 경직되게 그려졌다. 시야가 좁아져 작은 그림이 나오는 거다.

평소 즐기지 않는 그리기를 낯선 장소에서 낯선 사람들과 함께하는 경험. 민호의 마음이 자세에 그대로 반영되어 나타났다.

"와, 민호야, 눈덩이 얼마나 크게 만들었어? 위에도 쌓았어?"

민호는 위에 한 개의 동그라미를 더 그렸다. 그러고는 무얼 그릴지 몰라 가만히 있었다.

"눈사람이 있는 여긴 어디야? 와, 눈사람 엄청 춥겠다."

민호는 무엇을 그려야 할지 몰라 했지만, 대화를 나누며 하나씩 그려나가기 시작했다.

"눈사람은 누가 만들었어?"

민호는 스스로 그림을 그리는 스타일이 아니었기에 대화를 끌어나가야 했다. 종이에는 눈사람, 나무, 사람 이렇게 세 가지 사물이 작게 그려졌다. 풍부한 이야기가 담기진 않았지만, 그래도 뭔가를 그리는 민호의

135

경험이 시작되었다.

　미술을 처음 접하거나 미술에 자신감이 부족한 아이에게는 조심해야 한다. 친구들에게 무시당하거나 놀림당하지 않도록 말이다. 다행히 아무것도 그리지 않는 민호를 아이들이 이상해하긴 했지만 아무도 놀리지 않았다. 아이들은 자연스럽게 민호에게 말을 걸었고, 민호도 몇 마디씩 나누며 적응해갔다.

　첫 수업에서 민호는 무엇을 그려야 할지 몰랐다. 미술이 놀이나 본능처럼 자연스럽게 시작된 경우가 아니기에 더 그랬다 (가정에서의 편안한 미술 시작은 그래서 더욱 중요하다). 그날 밤, 민호와의 두 번째 수업에 대한 고민이 깊었다. 민호와 무엇을 하고, 아이들과 어떻게 조화롭고 생기 있게 이끌 수 있을까. 민호는 미술을 끝까지 하고자 했다. 오랜 시간 아무 선도 긋지 않은 채 자리를 지킨 민호. 집에서 그림 그리는 것에 노출되지 않아서 첫 그림에 막막해하던 그 심정, 몇 번씩 미소 지으며 대답했던 것이 떠올랐다. 이후 민호와는 생각하고 상상해서 그리기보다는 대상을 보고 그리는 수업을 몇 번 했다. 스스로 생각하여 시작하기에는 어려움이 있을 것 같고, 미술은 어렵기만 한 게 아니라 즐겁고 편안한 것이라는 인상을 주고 싶어서다.

　민호는 굉장히 밝은 아이였다. 점점 말도 많이 하고, 장난도 쳤다. 미술을 아주 좋아하는 것 같진 않았지만, 늘 성실히 임했다. 그렇게 민호가 학원에 다닌 지 2년이 다 되어갈 때쯤, 책상에 여러 개의 화분을 올려놓은 날이다. 아이들이 어떤 화분에서 영감을 받을지 궁금했다. 민호는 종이에 화분 모양을 턱턱 배치했다. 연필로 그리다가 느낌 가는 대로 명암을 넣고, 색연필로 채색하며 자유롭게 패턴을 넣었다. '민호체 그림'에 감탄했다. 기호 같은 단순한 동그라미와 세모로 눈사람을 그렸던 민호는 그렇게 자신만의 그림을 그리고 있었다.

도화지에 그림을 그린다는 건 지식, 경험, 감각, 표현력, 상상, 심리적 상태와 마음이 총체적으로 연결되어 나타내는 작업이다. 게다가 자유로운 창조 본능은 자랄수록 줄어든다. 그런데 남을 의식하고 눈치도 생기는 초등학교에 입학할 즈음 처음 시작하는 아이들에게는 미술이 얼마나 어렵게 느껴질까? 원래 미술은 첫 느낌이 강렬하게 자리 잡는 법이다.

그림을 시작하지 못하는 이유에는 주변의 반응도 크게 작용한다. 자신에게 집중된 분위기라든가 놀리는 분위기 또는 과한 격려는 낙담을

야기하기도 한다. 아이들은 자라면서 다른 사람의 생각과 의견을 중요하게 여긴다. '사람들이 내 그림을 어떻게 생각할까, 내 그림이 맞을까'를 의식한다. 사회적 기준에 따라 잘 그린 작품과 못 그린 작품을 구별하는 방법을 배우고 학습한다. 미술에 있어서 이런 의식들은 참 불편한 존재다. 자유로운 자기표현을 방해한다.

처음 미술에서 무엇을 그릴지 몰라 주저했던 민호. 가만. 민호가 그때 미술을 계속하지 않았더라면 민호에게 미술은 어떤 인상으로 남았을까? 혹시 미술이라는 걸 아예 마음에서 지우거나 시도조차 안 해보진 않았을까. 아니면 다른 기회로 미술을 시작하게 되었을까. 어찌 되었든 이제는 상관없다. 처음 딱딱하고 경직된 민호의 연필 선은 몸을 유연히 물 흐르듯 움직이는 자세로 바뀌었으니까. 그리고 민호는 모를 것 같다. 그림을 그릴 때 자신의 손이 피아노 치듯 자유로이 움직인다는 것을.

미술카트에 무엇을 넣을까

미술카트에 크레용과 색연필뿐 아니라 몇 가지 미술 재료를 더 챙기자. 미술카트를 마련하면 재료를 보관하기 쉽고 정리도 쉽다. 아이 스스로 꺼내서 미술을 즐기고, 스스로 정리하게 하자. 미술의 시작도, 마무리도 주도적으로. 인터넷 쇼핑몰 등에서 쉽게 구입할 수 있고 비싸지 않은 미술 재료를 소개한다.

모나미 프러스펜(24~36색)

심이 뾰족하고 부드럽게 그려지는 수성펜. 우리나라 아이들은 대부분 크레용처럼 뭉툭한 재료로 그림을 시작하는데, 뭉툭한 재료로는 무엇을 그려도 정교하지 않다. 부드럽게 발리면서도 정교하게 그릴 수 있는 프러스펜을 주면 그림에 자신감이 생긴다.

마카롱 파스텔톤 칼라 유성 색연필

부드러운 파스텔톤 컬러를 다양하게 가지고 있으면 어떤 것이든 색칠하고 싶지 않을까?

이터널아트 색연필(72색)/디아트 수채 틴케이스 색연필(72색)

돌돌이 색연필뿐 아니라 연필 색연필도 필요하다. 돌돌이 색연필은 플라스틱 느낌의 색감이라면 연필 색연필은 자연적인 색감이다.

영아트 마커/터치필 마커

마커는 쨍하고 선명한 채색이 가능한 재료다. 다양한 색의 마커를 준비하자. 단, 마커로 그림을 그리거나 채색할 때는 200g 정도의 도화지를 추천한다.

붓펜

유연하게 힘을 조절할 수 있다면 붓펜으로 그림을 그려보자. 붓펜은 붓인 듯 펜인 듯한 그림을 그릴 수 있다.

다이소 30색 젤펜

아이들의 무한 사랑을 받는 반짝이 젤리펜! 반짝이는 30가지 색을 저렴한 가격으로 구입할 수 있다.

8절 도화지(130~170g)

스케치북도 좋지만, 도화지에 그림을 그리면 생각이 더 확장된다. 도화지끼리 연결하거나 접어 그릴 수 있다.

A4 색지

흰색 종이와 함께 다양한 색의 색지를 구입하자. 그림에서 색이 차지하는 비중은 크다. 다양한 배경색의 종이에 그림을 그려볼 것을 권한다.

색종이, 무늬 색종이

색종이는 만능 종이임이 틀림없다. 접기, 오리기 무엇이든 좋다. 종이접기 책을 사주는 것도 추천한다.

테이프, 테이프 디스펜서

테이프 하나면 아이들은 온갖 것을 연결하고 붙인다. 테이프는 창작의 일등공신!

클레이

찰흙이나 지점토보다 간편한 클레이를 챙겨보자. 평면에 그리는 것뿐 아니라 손으로 주무르고, 색을 섞고, 입체화된 덩어리를 만들어보는 경험은 꼭 필요하다.

어린이의 성장,
상호작용(8~10세)

8세에서 10세 아이들의 미술 발달은 아이마다 크게 다르고 다양한 양상을 보인다. 하나의 글로 정리하는 것이 아이들의 복잡하고 다양한 미술을 단편적으로 해석하게 할까 봐 우려되지만, 어린이의 발달과 어린이 미술을 이해하는 데 도움이 되리라 생각해 글로 옮긴다.

이 시기에 두드러지게 나타나는 특징은 '도식'이다. 도식이란 일관된 양식, 방식, 변하지 않는 틀을 말한다. 아이들은 자신만의 집, 나무, 사람 그리기 스타일을 고수하거나 개발해간다. 늘 비슷한 그림이 등장하는 것은 바로 이런 이유다. 그중 사람 그리기에는 애증(?)을 보인다. 사람을 매우 잘 그리고 싶어 하는 한편 사람 그리기를 매우 싫어하기도 하는 것이다. 사람을 그리기 위해 다양한 도전을 하고 고민하며 때로는 좌절한다.

또 다른 흥미로운 점은 사실적으로 묘사하기 위해 노력하고, 그러한 그림을 잘 그린 그림이라고 인식하는 것이다. 손힘이 세져 오랫동안 채색할 수 있으며, 다양한 재료를 탐구하고 표현하기에도 적합하다. 단, 그리기에 노출이 적었거나 미술을 늦게 시작한 아이, 미술에 부담을 느끼는 아이, 공부처럼 배워야 한다고 생각하거나 완벽함을 추구하는 성향의 아이는 여러 이유로 딱딱하고 건조한 그림, 어릴 적보다 후퇴한 그림을 보이기도 한다.

이 시기는 미술의 기술적인 연습과 자유로운 탐구 사이의 균형과 계발이 이루어지는 시기다. 아이마다 각기 다른 고유성을 찾아내고, 기술적인 표현과 자아의 표현을 동시에 키워갈 수 있도록 도와야 하는 중요한 시점이다.

정물들 (민준 9)

민준이는 정물의 채색 재료를 고심한 후
색연필, 목탄, 마커, 아크릴물감 등 다양한 재료를 선택했다.
배경을 시원하게 표현하고 싶다고도 했는데,
보는 나도 저 시원한 배경에 마음이 뻥 뚫린다.

사과들 (영건 9)

사과를 관찰하고 그렸다.
사과에 집중하여 그리다 보니, 모두 다른 영건이만의 사과가 표현됐다.

이 시기 아이들에게 특별히 관심 두어야 할 사항은 바로 '상호작용'이다. 아이들은 점점 타인을 의식한다. '내 그림을 어떻게 볼까?', '내 그림이 맞나?' 싶은 마음에 자신만의 생각과 상상을 마음껏 표현하길 두려워하기도 한다. '남들이 어떻게 생각할지'는 이제 아이들에게 매우 중요한 요소다. 앞서 말했듯, 이 시기 아이들은 점점 사실적인 재현에 대한 표현 욕구를 보이기 시작한다. 사실과 비슷하게 그릴수록 또래에게 인정받고 잘 그린 그림이라 생각한다.

나는 유치부 아이들처럼 공상적인 그림을 그릴 수 있는 능력이 오래 지속되길 바라지만, 이 시기 아이들은 이런 그림을 어느새 유치하게 느끼기 시작한다. 아이들은 사실적 그리기에 신경 쓴다. 그런 의식이 그림에 반영되다 보니, 어릴 때보다 딱딱해진 그림이 등장하기도 하고, 밀도 높은 정갈한 그림이 등장하기도 한다. 사실적이지 않은 생각은 주저하고, 자유롭게 표현되던 공상들은 사라지기 시작한다.

심리학자 비고츠키 Lev Semenovich Vygotsky 는 '학습은 근본적으로 사회적 과정'이라 말했다. 어린이는 또래, 부모, 교사 등 지식이 풍부한 다른 사람들과의 상호작용을 통해 능력을 개발한다. 다른 사람을 관찰하고 모방하고, 피드백을 받고, 배우게 된다. 어린이 스스로 해결하기 어려운 부분에 교사나 친구의 '도움'으로 성취할 수 있다. 비고츠키는 이를 '도움을 받는 발견'이라 말했는데, 어린이는 교사나 친구의 적절한 도움을 통해 대안을 찾고 해결하며, 더 높은 수준으로 나아간다.

프리지어와 식물 사람 (현준 8) 프리지어와 고양이 (지유 10)

이제 막 초등학교에 입학한 현준이는 프리지어를 관찰한 후
공상을 통해 프리지어 주변에 식물 사람을 배치했다.
그리고 지우는 프리지어에 고양이를 추가하고
사실적 형태와 세밀한 털의 표현에 집중했다.
현준이의 공상적 표현과 지우의 사실적 재현은 각각 다른 멋이 있다.
미술은 이렇게 아이들의 다름, 표현 성향, 발달을 볼 기회를 제공한다.
공상적 표현과 사실적 재현의 그림을 두루두루 이해하면
어린이를 더 잘 알 수 있다.

또한, 아이들은 그림으로 자신의 이야기와 관심사를 전한다. 그림을 그리면서 스트레스를 해소하고, 때로는 전투하는 장면이나 공격적인 장면 등을 그리며 긴장을 푼다. 특히 대중매체의 영향과 다양한 시각문화 경험은 아이들의 일상과 연결된 실제 관심사다. 미술교육학자 브렌트 윌슨은 '학교 미술의 형식성과 경직성을 벗어나 어린이의 진정한 이야기와 관심사를 근간으로 한 삶과 연결된 미술교육'의 중요성을 강조했다.

내가 관찰한 바에 따르면, 아이 대부분은 우리가 필요하다고 생각하는 기술적 그리기를 잘하고 싶어 하지만 흥미를 느끼지는 못했다. 기술도 중요하지만, 우리는 아이들의 관심사와 주제를 중요하게 바라봐 주어야 한다고 생각한다. 미술은 저 멀리 있는 것이 아니라, 일상의 것으로부터 출발해야 하며, 아이의 삶과 연결되어야 하기 때문이다.

전투 (정협 9)

탱크, 전투 등은 어린이의 관심사와 연결된 주제다.
미술교육은 얼마나 어린이의 삶 속에서 실현되고 있을까.
대중매체의 영향, 시각적 경험, 또래 문화 등
어린이의 관심사는 어린이의 중요한 미술 주제다.

148

그렇다면 이 시기의 어린이 미술을 어떻게 도와야 할까?

첫째, 아이가 그린 그림의 주제를 인정한다. 어린이의 문화를 이해하는 마음은 중요하다. 아이의 관심사를 반영한 삶과 연결된 미술을 격려하고 주의 깊게 감상하자. 둘째, 미술을 할 수 있는 환경을 지원한다. 집에 간단한 재료를 준비해주거나, 전문기관에서 미술을 지속해서 배울 수 있도록 하자. 모든 시간을 공부에 뺏기지 않고, 쉬는 시간을 유튜브 시청과 게임에 뺏기지 않았으면 한다. 손으로 하는 창작의 행위는 아이에게 어울린다. 미술은 아이의 건강한 성장을 도울 것이다.

"예술을 경험한 아이들은 예술에 관심을 가지고
예술을 기억한다."

- 제시카 호프만 데이비스 -

게임하는 눈과 손 VS 그림 그리는 눈과 손

8세 연우는 게임 포인트 몇만 점을 모은 게임의 신이다. 게임을 할 때 연우의 눈과 손은 정확하고 빠르다. 게임 화면을 바라보는 눈과 게임기를 조작하는 손은 혼연일체가 되어 움직인다. 그러나 그림에서 연우의 눈과 손은 말썽이다. 사물을 오래 처다보지 못하고 손의 조작이 어려우며, 연필은 계속 책상에서 떨어지고, 동그라미 하나를 그려도 선과 선이 만나지 않는다. 지우개로 지워도 고스란히 남는 연필 자국, 그림 위에 뒤엉키는 지우개 가루… 그러면 연우는 괜히 연필과 지우개, 종이에 화풀이한다. 연우와의 수업 후에는 뽕뽕 뚫린 지우개와 부러진 연필심, 사투한 흔적의 도화지가 남는다. 뜻대로 되지 않아서 힘들고 지루했을 연우의 고단한 마음이 연우의 자리에 묻어난다.

"저는 원래 손으로 그림 그리는 건 못해요."
"연우야. 게임은 능숙하게 손으로 잘하잖아?"
"그건 제가 처음부터 잘했을걸요."
"그런 게 어딨어. 너의 눈과 손이 노력한 거야."
"아… 그런가?"

연우는 처음부터 실력이 있어야 그림을 그릴 수 있다고 생각한 것 같다. 그러나 그림을 잘 그리기 위한 기본은 '눈과 손을 잘 다루는 것'이다.

그릴 재료(상상, 마음, 욕구, 경험, 지식, 생각 등)가 없더라도, 재현의 그림은 눈과 손이면 충분하다. 아이들은 생각보다 오래 관찰하지 못한다. 진지하게 대상을 바라보지 못한다. 그러나 오래, 느리게 관찰하면 못 보던 걸 볼 수 있고 그릴 것이 생기게 마련이다. 그것을 종이에 옮기면 그림이 된다. 그런데 손이 말을 듣지 않을 수 있다. 눈으로 본 것은 있는데 손이 마음대로 되지 않는다. 그건 손과의 시간을 보내지 않았기 때문이다. 손의 움직임을 유연히 조작할 수 있는 단계가 되면 그림은 그려진다. 꽤 쉽게 그려질 것이다.

그릴 것이 없다면, 무엇이든 하나를 정해서 오랫동안 관찰하고! 그릴 수가 없다면, 손을 유연히 움직일 수 있도록 여러 번 사용해보자! 그런 시간을 가진다면, 그림은 잘 그려지게 되어 있다. 연우는 눈과 손을 잘 다룰 수 있다는 것을 이미 게임으로 증명했다.

그러니. 연우야, 그림도 못 할 것이 없어!

미술의 절망과 선택
(11~13세)

11세에서 13세는 많은 아이가 미술을 중단하는 시기다. 그러나 미술의 쓸모를 봐온 나로서는 미술이 소수의 사람만을 위한 것이 아니라는 점을 강조하고 싶다. 이제까지 미술은 학업을 위해 사소화되거나, 재능이 있어 전공할 사람만 하는 과목으로 특권화되어 왔다. 그러나 미술은 단순하게 그림을 잘 그리는 게 아니라, 말과 글처럼 하나의 표현 수단이자, 나를 탐구하고 타인을 이해하는 인간의 전인적인 성장을 돕는 독특한 영역이다. 그러므로 나는 이 글을 통해 일반적인 미술의 발달 소개뿐 아니라, 일과를 소화하기도 바쁜 우리 아이들이 왜 미술을 해야 하는지를 엄마이자 교사의 시선으로 전하고 싶다.

미술은 어릴 때 본능과 같은 표현으로 시작되어 점차 인지적, 정서적 발달과 창의성을 가꾸기 위해 지속된다. 그래서 미술을 어릴 때부터 꾸준히 한 아이들은 초등학생 무렵이 되면 적당한 생활화를 그릴 수 있거나, 기본적인 소묘 또는 수채화 수준에 이른다. 그러나 11세에서 13세 정도가 되면 미술을 지속하거나 중단하는 결정을 내린다. 늘어나는 학습량, 미술은 그림을 잘 그리는 것이라는 통념 속에서 미술이 선택 과목이 되어 버리는 것이다.

　나는 아이들에게 두 갈래 길을 제안한다. 하나는 미술을 전공하고자 하는 아이들의 길이다. 전공을 고려한다면 부모와 아이 사이에 충분한 대화가 이루어져야 한다. 아이와 함께 전문적인 노하우를 갖춘 입시 미술학원에서 상담받아 볼 것을 권한다. 입시 미술은 '시험을 통과해야 하는 미술'이다. 부단히 연습하고 시간을 들여 그림을 그리는 실력을 갖추는 길이자 미술 관련업을 갖고자 하는 아이들이 선택하는 길이다. 다른 하나는 미술을 삶 속으로 평생 가져가는 길이다. 이것이 내가 책에서 가장 전달하고 싶은 미술의 쓸모다.

　"원장님, 미술이 좋은 건 알지만, 이제 공부해야 해서… 그만할게요." 그렇다. 이 시기 아이들은 대체로 학습량이 점점 늘어난다. 그러나 이는 오히려 미술을 해야 하는 이유가 된다. 미술이 학습할 때와 달리 우뇌를 사용한다는 활동이라는 점은 잘 알려져 있다. 그렇기에 미술은 아이들의 뇌와 마음을 건강하게 지켜준다. 아이들은 미술을 하면서 있었던 일, 느꼈던 일, 하고 싶은 일 등을 편안하게 말하고는 한다. 지식과 경험과 감정 등이 뒤섞여 나온다. 자신의 총 지식을 동원하여 사고할 뿐 아니라, 영감을 느끼는 순간이다. 아이들은 이렇게 말하고는 한다. "그림을 그리면 기분이 좋아지고 잡생각이 없어져요.", "재밌어요. 생각하는 대로 그리니까. 공부는 답이 정해져 있지만, 그림은 자유로워요.", "그림 그리도 보면 손이 아프긴 하지만 뭔가 신나요. 한 줄 그릴 때마다 스트레스가 1퍼센트씩 사라진다고 할까."

또한, 이 시기 아이들은 미술의 표현에 있어 상당한 변화를 경험한다. 사실주의에 관심을 두고 몰두하기 시작하는 것이다. 공상 능력이 사라지는 자리를 기술적 연습에 대한 열의로 채운다. 이에 로웬펠드는 '이 시기 아이들은 사실적인 표현을 이룩하고자 집중한다'라고 말했다. 실제로 아이들은 더욱 정확하고 세부적인 표현을 위해 노력하며, 일부 아이들은 사실적이지 않은 그림을 잘못된 그림으로 인식하거나 채색을 꼼꼼히 해야 한다고 생각한다. 아이들은 이렇게 말하고는 한다. "피카소는 삐걱삐걱, 뭔가 잘 그린 그림 같지 않아요.", "삐죽 튀어나오면 망한 거, 안 튀어나온 건 잘된 거.", "와, 진짜 똑같다. 우리 반에 진짜 (사실처럼) 똑같이 그리는 애 있거든요."

한편, 미술 하는 과정에서 망쳤다고 느끼거나 좌절하는 상황도 자주 발생한다. 그림을 잘 못 그리는 걸 부끄러워하거나 재능이 없다고 생각하여 미술을 어려워하기 시작한다. 아이들은 이러한 상황을 생각보다 힘들어한다. 이때 어른의 역할이 요구된다. 바로 아이들이 느끼는 미술의 좌절을 격려하며 바르게 이끄는 것이다. 원래 미술은 시행착오를 수반하는 활동이며, 아이들이 작품을 망치거나 좌절감을 느끼는 상황은 '중요한 학습의 순간'이다. 나는 실수의 시간을 적극적으로 성장과 탐구의 기회로 어른이 안내했으면 한다. 학자들은 최종 작품보다 창의적인 프로세스가 중요하다고 말하며, 창작 과정 자체의 중요성을 강조한다. 즉, 창조하고 탐구하고, 실험하는 행위는 가장 심오한 학습이 일어나는 순간이다.

우리는 대부분 '멋진 작품을 만드는 것이 미술'이라고 생각한다. 그것은 미술에 대한 큰 오해다. 미술의 시각적 결과뿐 아니라, 망치거나 포기한 시간을 의미 있게 생각한다면, 아이는 머뭇거리고 고독하게 생각하는 시간을 가질 수 있다. 이런 태도야말로 우리가 교육을 통해 아이들에게 만들어주고 싶은 소중한 능력일 것이다.

나는 미술이 '나를 알고 세상을 이해하고 바라보는 통찰을 가진 영역'이라 생각한다. 책이 인생 최고의 무기라면, 미술은 '자신을 표현하는 최고의 도구'가 아닐까. 우리가 미술을 오해하지 않아야 아이들이 미술 경험이 제공하는 풍부한 혜택을 얻는다. 누군가는 미술이 좋은 건 알겠지만, 시간이 없다고 말할지 모른다. 그러나 미술을 경험할 시간을 만드는 건 아주 쉽다. 공부 시간, 유튜브와 게임으로 보내는 시간 일부를 떼어주는 것이다. 미술 하는 시간은 일주일에 하루, 한두 시간 정도면 충분하다. 그 시간은 공부로 채우지 못하는 '여분의 삶'을 줄 것이다. 그럴 때면 이미 미술을 잘 아는 영준이의 말이 떠오른다.

"미술이요? 내 생각을 발휘하는 힘을 주는 것!"

우고 론디노네의 작업 (아림 12)

작가의 작품을 재현해보는 것은 모든 연령에 유익한 활동이다.
특히 자유로운 공상 능력이 많이 사라진 이 시기의 어린이들에게
작가의 작품 모방은 새로운 미술 세계와 다양한 표현을 이해하는
수단이 된다.

백드롭 페인팅 (유주 13)

백드롭 페인팅은 연극무대의 배경을 그리던 것에서 유래했다.
미술 활동에서는 캔버스에 아크릴물감, 나이프 등으로 두텁게 칠하여
배경을 그리는 그림으로 활용된다.
어떤 형상을 그리지 않기 때문에 자신의 정서와 내면에 자연스럽게
집중하여 표현할 수 있다.

유주는 차가운 겨울의 느낌을 표현하고 싶다고 말했다.
유주가 차갑게 그림을 그려야만 했던 이유는
유주의 비밀이라 아무리 책이어도 소개할 수가 없다.
나는 유주의 비밀을 전심으로 존중한다.

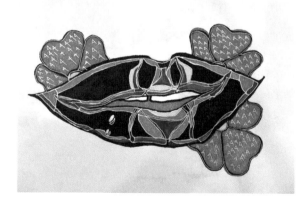

입술 연작 (시은 11~13)

시은이는 말로 다 하지 못한 내면을 그림으로 그린다.
그림은 자아를 표현하는 중요한 도구다.

진짜 어린이 미술

_경계 넘기

✦ 스마트폰 대신 종이를 주자 ✦

"어머님, 여행 갈 때 미술도구 챙겨가세요."

"원장님, 미술도구라뇨. 우리 아이는 그림 안 그려요. 에이, 저흰 못해요."

"원장님 말은 알지만, 그게 그렇게 되진 않잖아요."

조금 더 말하고 싶었지만, 혹여 불편할까 봐 멋쩍은 웃음으로 상황을 마무리했다. 그렇게 말한 건, 사실 내 경험 때문이다.

주호가 2~3세 때 무렵 제주도에서의 일이다. 아침을 먹는데 주호가 시끄럽게 보챘다. 다른 테이블은 다 조용한데 주호만 유독 시끄럽게 울고 떼를 썼다. 사람들을 방해하는 것 같아 싫고 부끄러웠다. 그런데 주변을 보니 아이들은 모두 무언가를 보고 있었다. 테이블마다 태블릿 PC가 놓여 있고, 영상이 하염없이 흘러나오고 있었다. 거치대는 아이들이 잘 시청할 수 있도록 조정되어 있었고, 두 명의 자녀가 있는 경우에도 태블릿 PC가 각각 한 대씩 세팅되어 있었다. '아 저렇게 하는 거구나. 다른 사람들에게 피해도 안 주고, 식사도 맛있게 할 수 있고. 나도 미리 준비라도 할걸.'

남편과 나는 작은 스마트폰을 꺼내 아이가 좋아할 만한 뾰로로 영상을 틀었다. 거치대가 없어서 안간힘을 써 냅킨 통에 스마트폰을 대어 주호의 눈높이에 맞췄다. 식사하고 싶었다. 우아하게.

주호는 금방 영상에 집중했다. '이렇게 식사한 게 얼마 만이야.' 엄마가 되고선 늘 밥이 코로 들어가는지 귀로 들어가는지 몰랐는데 영상 하나로 나와 남편은 바깥 풍경도 보고 대화 나눌 수 있었다. 아이의 입속에 밥만 넣어주면 되니 편했다. 그런데 주호의 표정이 이상했다. 마치 영혼이 훅 빠져나간 듯 멍한, 생기 없는 무표정. 난 그날의 표정을 잊지 못한다. 이건… 좋은 시간이 아니었다.

『프랑스 아이는 말보다 그림을 먼저 배운다』에 따르면, 프랑스 엄마들은 아이에게 간단한 미술도구를 주고 종이나 냅킨에 그림을 그리도록 하고, 어른들끼리는 대화를 나눈다고 한다. 나는 여행 갈 때 미술 재료를 챙겨가기로 마음먹었다. 엄마로서 미술 교사로서 아이가 그림을 그리길 원했다. 내겐 작은 도전 같은 것이었다. 게다가 여행은 일상에서 벗어나 새로운 생각과 영감을 주기에 적절한 장소이며, 새로운 생각과 영감은 미술 하기 좋은 재료다.

점심을 먹기 위해 간 식당은 주호의 첫 그림 그리기 장소였다. 주문한 음식이 나오기 전 테이블에 스프링 무지 노트와 펜 몇 개를 두었다. 주호가 관심 두길 바라며. 그러나 주호는 노트를 만지거나 떨어

뜨릴 뿐 별다른 관심을 보이지 않았다. 이대로 물러설 수는 없었다. 여행의 흔적을 좇아 말을 걸었다.

"어제 본 것 중에 뭐가 기억나?"

그래도 주호는 도통 아무것도 그리지 않았다. 여러 번 말을 건네도 여전히 아무것도 그리지 않고 떼를 썼다. 이 시간을 영상 시청에 내주지 않으리라 단단히 각오했기에, 내가 먼저 종이에 어설프게 끄적이듯 그렸다. 이때 너무 완벽히 그리면 안 된다. 유아기의 아이는 무엇을 그려도 어른보다 잘 그릴 수 없다. 애써 시작한 활동이 수포로 돌아가지 않으려면 적당히 유머를 겸비한 출중한 연기도 필요하다. 왼손으로 그릴 법한 아메바 같은 형상에 주호가 반응했다. 드디어 스스로 무언가를 그리기 시작했다. 야호, 성공!

주호에게 그림을 그리자고 한 첫 도전은 다행히 성공했다.
그다음부터는 쉬웠다.
주호는 여행지에서 언제나 그림을 그리거나 책을 읽었다.
보통 16절 드로잉북, 사인펜 12색 정도를 챙겨 다닌다.

보스턴대학 연구진은 아이가 소란을 피울 때, 아이의 기분을 전환시키는 방법으로 스마트기기를 주는 것에 대해 엄중히 경고했다. 자연스러운 감정의 표현, 문제의 해결, 진짜 상상력을 가질 여러 기회를 박탈하기 때문이다. 실제로 많은 아이가 과도한 스마트폰 의존으로 인해 그림 그리기와 독서처럼 느린 활동에 집중하거나 참여하는 데에 어려움을 느낀다. 나도 매일 대신 생각해달라는 아이들, 그릴 대상을 정해달라는 아이들, 생각이 안 난다는 아이들을 만난다. 복잡한 사고를 하지 않는 아이들이 걱정스럽다.

요즘 아이들은 궁금한 것은 바로 검색해본다. 깊이 사고할 만한 상황에 처해 보지 않는다. 빠르고 자극적인 스마트폰은 그럴 시간을 허락하지 않는다. 뇌가 한창 발달하는 유아기부터 10대 시절에 스마트기기를 많이 접하면 뇌에서 집중력·논리력 등과 관계된 전두엽은 덜 발달한다.

스마트기기 앞에서 종이는 참 무미건조하다. 빠르게 움직이는 화려한 이미지를 봐온 아이가 하얀 종이에 그림을 그리거나 천천히 책을 읽는 느린 활동을 좋아하게 되는 건 힘든 일이다. 스마트기기에 익숙한 아이들은 늘 더 빠르고 더 쉽게 욕구를 충족시킬 수 있는 것들을 찾는다. 앞으로 아이들은 인공지능과 협력하여 창작하는 시대를 살아가게 된다. 상상하고, 생각하고, 질문하고, 선택할 수 있는 능력 없이 인공지능과 공생할 수 있을까? 인공지능을 사용할 수 있는 바탕이 되는 '사고하는 힘'은 인간에게 더 필요한 능력이 될 것이다.

뉴욕타임스는 스티브 잡스 Steve Jobs를 '구식 아빠'라고 일컬었다. 잡스가 세 자녀에게 스마트기기의 사용을 제한한 건 너무도 유명한 일화다. 트위터와 블로그를 내놓은 에번 윌리엄스 Evan Williams 도 자녀들에게는 통화와 문자만 가능하도록 스마트기기를 통제했다. IT의 최전선에 있는 사람들조차 스마트폰 대신 종이책을 준 거다.

나는 아이들의 생각하는 힘을 키워주기 위해 '느리게 하는 일'을 추천하고 싶다. 내가 아는 느린 일은 독서하고 그림을 그리는 것. 종이와 만나는 일이다. 종종 아이들이 우리의 어린 시절처럼 스마트폰이 없는 세상에서 살았으면 하는 마음마저 든다. 달라진 세상에서 이런 생각이 한심하게 느껴질 수도 있지만, 나는 독서와 그림 그리는 일, 글을 쓰는 일, 멍때리는 일로 느리게 시간을 채우자고 아이, 부모, 교사들에게 말하고 싶다(잔소리가 아니길 바라며).

오늘도 여행 가방을 쌀 때면 아이가 '할 것들'을 챙긴다. 그림 그릴 도구, 읽을 책 여러 권, 장난감이나 인형 등. 물론, 짐이 좀 많아진다. 스마트폰 하나면 가볍지만, 스마트하지 않다. 하지만 짐이 커지는 만큼 아이의 생각도 커지리라 믿는다. '이 정도 짐' 쯤이야. 나중에 스마트폰으로 인해 생길 '더 큰 짐'을 받고 싶지 않다.

밖으로 나간 날

인상주의 미술가들은 밖으로 나가 그림을 그렸다. 직접 자연의 모습과 인상을 찾아 기꺼이 몸을 움직였고, 자연을 온 감각으로 열렬히 만끽했다.

조금 불편하게 그림을 그려보는 건 어떨까? 나는 아이들과 밖으로 나가 바닥에 털썩 앉았다. 강한 햇볕을 쬐고, 풀냄새를 맡고, 바람을 느끼고, 다양한 형상의 나뭇잎과 나뭇가지를 보고 흙과 벌레를 관찰했다. 그렇게 아이들은 조금은 불편한 새로움을 느끼며 자신의 감각으로 진짜 나무와 풀을 그렸다.

나는 아이들이 불편을 적극적으로 경험하며 성장해야 한다고 생각한다. 루소는 '어린이는 자연에서 배워야 한다'라고 주장했고, 존 듀이는 '어린이의 경험을 통한 성장'을 강조했다. 오늘 아이들에게 그런 작은 순간이 일어났길 바라본다.

✦ 사실적 그리기의 틀 밖으로 나오면 ✦
미술이 보인다

　주호가 3학년 때 학교 미술 시간에 그린 그림을 가져온 적이 있다. 아니, 학교에서 이런 그림을! 주호의 그림은 형태가 아닌 색으로 그린 그림이었다. 색들은 도화지 안에서 자유롭게 퍼지면서 자연스럽게 조화를 이루었다. 붓질의 강약, 물의 농도, 색의 조화, 뿌리기 기법을 통한 번짐의 연출. 아마 주호는 그림의 변화를 봐가며 긴장했을 거다. 멈출 것인지, 더 갈 것인지를. 그림의 제목은 「어둠의 밤」.

　미술에는 마치 어떤 견고한 틀이 있는 것 같다. 알아볼 수 있는 형태로 그려야 할 것 같은 느낌. 미술에 거는 기대 대부분이 그렇다. 다양한 방식과 표현이 존재한다는 걸 알지만, 그래도 우리 아이는 알아볼 만한 그림을 그렸으면 좋겠고, 사실적으로 그렸으면 좋겠는 마음이 있다. 아이는 미술가가 아니고, 지금은 배워야 할 나이라고 생각하기 때문이다.

어둠의 밤 (주호 10)

학교 미술 시간에 그린 그림.
형태가 아닌 색으로 그린 그림이어서 더없이 반갑다.

겨우 시간 내서 미술학원을 보냈는데 형태가 보이지 않는 그림이라면? 반갑지 않은 마음을 충분히 이해한다. 그래서 나는 수업 후 브리핑 시간을 갖는다(형태가 보이지 않는 그림에 의미를 설명한다). 그때마다 엄마들은 그림에 담긴 아이의 생각이나 상상을 듣고는 웃거나 미소 짓는다.

눈여겨볼 것은 사실적인 그림 앞에서 "오~ 와~" 같은 감탄사가 나온다는 것이다. 소묘, 정물화, 인물화, 풍경화 모든 그림이 실제와 비슷할수록.

그런데 아이가 "정말 우리 아이가 했어요? 너무 잘했다. 똑같다!"라는 말을 자주 듣게 된다면 어떻게 될까? 자신의 상상이나 생각을 마음껏 펼친 그림보다 엄마가 좋아하는 그림, 어른이 감탄하는 그림이 맞는 그림이라고 생각하게 된다. 자주 그런 반응에 노출되면 아이는 그 말을 흡수하고 학습한다. 그렇게 아이들은 어른이 원하는 미술을 학습하고, 사회화된다.

사실적인 그림을 그리기 위한 기술적 표현 연습이 불필요하다는 말이 아니다. 기술적 표현은 창의적인 표현을 위해서도 마땅히 필요하다. 생각이 머릿속에서만 맴돌고 구체적으로 도화지에 나타내지 못한다면 상상으로만 끝나버리고 말 것이다. 다만, 나는 아이들의 자유로운 시도들이 사실적 표현을 원하는 어른들의 기대 속에서 좌절되지 않았으면 한다. 아이스너 Elliot W. Eisner는 교사가 어린이 그림이 성인의 사실주의 기준에 부합하지 않을 때 이를 평가 절하하는 경향을 비판했다. 우리도 이런 반응을 보내는 어른들은 아닐까.

　사실적 그림의 연습보다 더 중요한 건 각각의 '고유한 그림체'다. 미술을 배우는 것보다 더 중요한 것은 '자신의 그림'을 충분히 만끽하고 개발하는 거다. 기술적 연습을 해야 한다는 압박 속에 아이에게 꿈틀거리고 있는 이 순간에 그릴 수 있는 그림들이 꽃 피우지 못한다면, 진짜 미술을 했다고 할 수 없지 않은가.

먹물로 그린 연상 (예강 9)

유명한 미술가들은 늘 아이처럼 그림을 그리고 싶어 했다. 프랑스의 국민화가 장 뒤뷔페 Jean Dubuffet는 아이들의 제한 없는 창의성에 감탄하며, 어린이 그림의 자유로운 표현력을 모방했다. 피카소가 말년에 그림을 그리기 위해 작업실에 아이들과 함께 생활한 일화는 유명하다. 어린이만이 순수한 미술을 할 수 있다는 걸 알았으니까.

나는, 어른이 어린이 그림을 알아보는 눈을 가져야 한다고 생각한다. 유명한 미술가의 작품을 이해하려고 노력하듯, 어린이의 그림도 이해하려고 노력해야 한다. 그렇지 않으면 아이 그림에 녹아든 생각, 감정, 경험을 알 수 없고, 생기로운 그림체, 고유의 색, 표현 방식을 읽을 수 없다.

나는 가끔 어린 시절, 내가 그림을 그리고 있는 모습을 떠올린다. 선생님이 준비한 샘플을 따라 그리거나, 선생님의 방식을 모방하는 모습이다. 그때마다 선생님의 그림이 아닌 내 그림이 궁금하다. 미술을 좋아했던 나는 과연 어떤 그림을 그릴 수 있는 아이였을까.

어린이 미술은 어른을 위해 존재하는 게 아니다. 아이들의 시간은 흐르고, 그 시간은 영영 돌아오지 않는다. 그 시절 그 그림은 아무도 다시 볼 수 없다.

생각하고 창조하는 어린이로 키우는
'미술교육 십계명'

1. 그림은 맞고 틀린 것이 아니라 모두 다른 것이다.

2. 사실적 그리기의 틀에서 나오면 진짜 그림이 자란다.

3. 미술은 과정이다. 망친 그림, 다 못한 그림의 의미를 찾아보자.

4. 미술은 체험이 아니다. 꾸준히 출석하자.

5. 미술은 상상하고 멍때리는 시간을 포함한다.

6. 미술은 레크리에이션이 아니다. 재미없고 힘들고 어려운 순간도
   미술이다.

7. 어린이 그림은 평가해야 할 작품이 아니다. 자연스러운 성장
   기록이다.

8. 미술은 그리기만이 아니다. 미술은 넓고 깊다.

9. 미술은 재능이 있거나, 전공할 사람만 하는 과목이 아니다.

10. 어린이 발달단계에 맞는 미술을 이해하자. 이 시기, 이 미술은
    다시 오지 않는다.

그림을 잘 그리려면
_재능과 꾸준함

내가 그림 천재라도 된 줄 알았던 시절이 있다. 초등학교 때 친구들은 내 그림을 보러 몰려들었고, 내 그림은 언제나 교실 뒤에 걸려 있었다. 특출난 건 없었지만 언제나 그림으로는 주목받았고 나도 그림 그리는 시간을 사랑했다. 그림 그리는 행위가 행복했다. 그 시간이 지속했으면 좋았으련만, 그 시절은 길지 않았다. 엄마는 내가 아무리 그림을 잘 그려도 공부를 못하면 대학에 갈 수 없다며 미술을 그만두라고 강요했다. 초등학교 2학년에서 6학년의 시간. '재능'이란 놈이 찾아온 유일한 시기였던 것 같은데. 결국, 난 미술과 이별했다.

고등학교에 진학해서야 다시 미술을 시작했다. 어릴 적 그 광채가 나던 그림들은 온데간데없어졌다. 손은 뻣뻣하게 굳었고, 연필 선이나 붓질에서도 흥미나 감정이 없었다. 그냥 묵묵히 그릴 뿐. 내겐 그나마 잘하는 거였으니까. 어릴 때 찾아왔으나, 가꾸지 않은 재능은 그렇게 휘발되었다.

그 무렵, 전혀 재능이 없어 보였던 내 친구가 갑자기 미술을 전공한다고 했다. 당시에는 공부로 좋은 대학에 들어갈 수 없을 것 같으면 갑자기 미술을 하겠다는 경우가 많았다. 나는 속으로 웃었다. 미술이 그렇게 만만한지 아나? 친구의 그림은 굳은 내 손으로 그린 그림보다도 훨씬 딱딱했고, 공식처럼 넣은 명암은 부자연스러웠다. 그러니까, 친구에게서는 재능이란 게 전혀 느껴지지 않았다.

몇 번의 계절이 바뀐 어느 날 친구의 학원에 놀러 갔다. 그날 나는 친구의 그림 앞에서 뻣뻣하게 굳고 말았다. 망치로 한 대 맞으면 하늘이 핑 돈다는데, 이런 느낌 아닐까 싶었다. 겉으론 태연한 척했지만, 내 심장은 눈치 없이 뛰고 있었다. 아니, 재능이 없는 애가 이렇게 그림을 잘 그릴 수가 있어? 부드럽고 정갈한 선이 쌓인 그림은 황홀하기까지 했다. 정성스러운 친구의 그림에서 그간 부단히 쌓았을 시간과 연습량이 한순간에 스쳤다. 얼마나 열심히 그렸을까.

많은 미술학원이 방학 특강을 열며 '그림일기, 사람 그리기, 풍경 그리기 15일 완성'과 같은 문구를 넣는다. 시간이 여의찮은 아이는 이렇게라도 그림 그리는 법을 배우거나, 막막한 미술을 시작할 용기를 얻을 수 있다. 그런 이유로 나의 학원에서도 특강을 열고 있다. 하지만 어디까지나 기술 연습이다. 입체적 도형이나 인물의 비율과 형태를 관찰한 뒤 원근법을 살려 그리거나, 수채물감의 명도를 조절하는 등의 규칙이나 기술을 배우는 식이다. 이런 특강을 선택하는 엄마들은 이렇게 묻고는 한다.

"방학에라도 미술을 하면, 미술이 늘겠죠?"

"평소에는 시간이 없어서… 특강으로라도 그리는 법을 배우게 하려고요."

그러나 바람과 달리, 미술을 단기간에 점령하기란 거의 불가능하다. 미술을 시작할 용기는 분명 얻을 수 있지만, 특강을 통해 연습한 것을 써먹지 않으면 그림 그리는 방법은 금방 잊히고 만다. 더욱 중요한 건 내가 무엇을 그리고 표현할 수 있는지를 알아가기 어렵다는 것이다. 그러므로 정말로 그림을 잘 그리고 싶다면 실력이 늘지 않는 것 같은 시간을 견디고, 인내력을 갖고 부단히 연습해야 한다. 그 시간이 무척 고독하더라도 말이다. 난이도에 따라 다르지만, 채색이 없는 드로잉은 하루에 서너 장씩, 열 장씩도 그릴 수 있다. 재료도 간단하다. 종이, 연필, 지우개.

영국의 화가이자 예술비평가인 존 러스킨John Ruskin은 드로잉에 대한 모든 질문의 해답은 하나라고 말한다. 바로 '인내심'이다. 드로잉을 배우려면 고되고 힘든 노동을 바칠 의지를 충만히 가지라고.

수업이 끝나면, 엄마들은 아이에게 묻는다. "오늘 미술 재미있었어?" 아이가 재미없었다고 하면 "미술이 재미없대요."라고 한다. 이런 말을 들으면 미술 교사들은 미술을 지루하지 않게 하기 위한 노력을 시작한다. 신기한 재료를 사용하거나, 자극적인 흥미 위주의 활동을 생각한다. 사교육에서 수업이 재미없다는 말에 자유로울 수 있는 교사는 많지 않다. 그러나 우리는 미술이 레크리에이션 활동이거나 쉬어가는 과목이 아니라는 점을 기억해야 한다. 미술이 재미있어야 할 의무는 없다. 미술은 재밌을 때도 있는 것이다. 미술이 지루할 수도 어려울 수도 있다는 걸 인정하자. 그것을 인정할 때, 아이는 비로소 미술의 고독함과 어려움을 경험할 수 있다.

살면서 꾸준함 없는 재능이 어떻게 힘을 잃는지 봐왔다. 그리고 꾸준히 끌어간 힘이 다른 영역에서 빛을 발하기도 한다는 것도 보았다. 그러니 그림을 잘 그리길 원한다면, 내가 아는 한 다른 방법은 없다. 꾸준히 그림에 출석하자.

세기의 거장 파블로 피카소의 일화를 들어보자. 피카소가 프랑스의 한 카페에 앉아 있었다. 한 행인이 지나가다 그를 알아보고 냅킨을 주며 간단한 스케치를 부탁했다.

"50만 프랑입니다."

"그리는데 몇 분밖에 안 걸렸는데, 너무 비싼 거 아닌가요?"

"아니요. 30분 만에 그림을 완성하기 위해 나는 40년간 그림만 그렸습니다."

우리는 이 유명한 일화에서 피카소가 그림을 잘 그리는 이유를 짐작해볼 수 있다. 바로 오랜 시간 부단히 그림 연습을 했다는 것. 미술가는 자신의 미술을 표현하기 위해 수천 장의 선을 그려봐야 하고, 수천 번의 붓질을 해야 할 수도 있다. 비록 그것이 단 한 번의 휙 그은 선 일지라도.

행인은 피카소의 그림을 좋아했을 것이다. 피카소만의 사유가 담긴 그림이기 때문이다. 이 사유의 예술은 오랜 시간에 걸쳐 끊임없이 창조하고 다듬어온 결과다. 빠르게 성취하는 것과 미술은 거리가 멀다. 미술은 시간을 쌓아야 하는 일이다. 너무 당연한 걸 말했다. 그런데 당연한 걸 하지 않으면서 우리는 미술이 늘기를 바란다. 미술은 금방 늘지 않는다. 천재 피카소마저도 시간을 쌓은 걸 보면.

다른 무리와 놀고 싶은 마음 (시현 15)

나도 그런 적이 있다.
초등학교 때 인기 많은 친구 승연이에게 테이프를 빌려주지 않아서
반 전체 왕따가 되었다.
그림을 친구 삼아 외로운 학교생활을 이어갔다.
그러나 정작 내 그림을 그릴 기회가 없었다.
정물화 소묘, 풍경화…
그래서 나는 시현이와 같은 그림을 그릴 줄 모른다.
내가 과거로 돌아갈 수 있다면,
나는 나의 본연의 모습으로 그림을 그릴 것이고,
버리지 않고 모을 것이다.
나는 나의 어린이 그림이 지금도 몹시 궁금하다.

졸라맨을 응원해

"우리 아이는 집에서 졸라맨만 그려요."

"학교에서 졸라맨을 그려도 괜찮을까요?"

"또 졸라맨이네. 졸라맨 좀 그만 그려!"

모두 한 번쯤 그려봤을 졸라맨은 지금도 여전히 아이들의 전적인 사랑을 받는다. 졸라맨은 막대 형태로 된 사람 그림을 말한다. 아이들이 자유롭게 그리는 졸라맨은 미술 수업에서까지 자주 등장한다. 그 이유는 쉽고 간단하기 때문이다. 사람을 그린다고 생각했을 때, 몸동작을 어떻게 그려야 할지, 어떤 옷, 어떤 머리 모양을 그릴지… 벌써 머리가 아프다. 그러나 졸라맨은 간단한 선만 몇 개 그으면 사람이 완성된다.

그렇다면, 이 쉽고 간단한 그림은 왜 그리면 안 된다고 여길까? 바로 성의 없고 장난친 그림처럼 보이기 때문이다. 그래서 학교에서는 더욱 그리면 안 되는 그림이라고 생각한다. 선생님이나 친구들이 이상하게 생각할 수도 있고. 그러니까 남들이 안 좋게 볼 수 있기 때문. (그런데 선생님이 졸라맨을 그리면 아이를 이상하게 생각할까? 난 아닐 것으로 생각하지만. 아무튼.)

마을 (지훈 7)

샤갈의 그림을 보고 그린 지훈이의 그림.
그림 속 졸라맨은 방긋 웃으며 하늘 위를 가볍게 둥둥 떠다닌다.
간략하지만 이 그림은 의미 있는 양상에 집중하게 한다.
그리고... 지훈이의 그림을 보고 있으면
왜 이렇게 마음이 몽글몽글해질까.

여기서 잠깐. 졸라맨 그림을 자세히 들여다보자. 그림 속 대부분의 졸라맨은 움직이고 있다. 무언가를 하고 있거나, 무리 지어 있기도 하다. 어떤 졸라맨은 표정과 감정도 있다. 아이들이 그리는 보통의 사람은 대부분 차렷 자세를 하고 있거나 반달 모양의 눈과 입을 그린 형태이다. 그러나 졸라맨은 그렇지 않다. 동작도 표정도 다양하다. 생기롭고 재밌다.

자, 졸라맨 그림 감상법을 소개하겠다. 졸라맨 그림은 일반 그림이 아니다. 보통의 그림이 형태를 강조한 그림이라면, 졸라맨 그림은 '스토리텔링형 그림'이다. 아이는 지금 떠오른 이야기를 종이에 빠르게 그리며 이야기를 풀어 놓고 있는 거다. 만약 이야기를 사람의 모습과 형태에 신경 써서 그려야 한다면 금방 지치고, 그리고자 한 이야기는 달아나버리고 말 것이다. 미술의 목표에는 실제 모습처럼 그리는 '재현' 뿐 아니라, 자신만의 이야기를 담는 '표현'이 있다. 그러니까 졸라맨 그림은 '표현'에 가까운 그림이다. 아이만의 창의적인 스토리 표현. 그러므로 우리는 졸라맨 그림에서 사실적으로 맞게 그린 그림인지를 살피거나, 사실과 맞지 않는 그림이라고 핀잔을 줘서는 안 된다. 오늘 재밌는 자신의 스토리를 담은 그림을 그린 거니까.

어른에게 자꾸 졸라맨 그림을 그리지 말라는 이야기를 들은 아이는, 더는 자유롭게 이야기를 담지 못하거나 졸라맨을 그려서는 안 되는 그림으로 학습할 것이다. 이미 학교에서는 그리면 안 되는 그림으로 알고, 집에서만 그리는 아이도 많다. 그래서인지 어떤 아이는 학교, 집, 학원에서 모두 다른 그림을 그리기도 한다.

엄마들도 자주 말했다. "집에서는 졸라맨만 그려요." 그러나 집에서 그림을 그리는 시간은 아이들이 사회적인 기대를 내려놓고 마음껏 그리는 '자발적 그리기의 시간'이다. 나는 아이들이 집에서의 자발적 그림이 관심받고 사랑받길 바란다. 자발적인 그림들에는 솔직하고 순수한 마음이 그대로 담기기 때문이다. 관심사나 요즘 감정까지도.

아이의 요즘 마음이 궁금하지 않은가? 아이의 자발적 그림을 집에 전시해주고 공감해주는 가정 분위기라면, 아이는 자신의 상상과 생각, 감정을 마음껏 표현하며 성장할 수 있다. 건강하게.

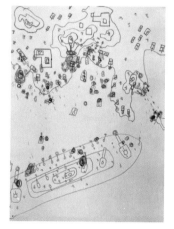

전투 (주호 11)

높은 곳에서 내려다본 듯한 부감법의 졸라맨 그림.
그런데 주호가 말하길,
"엄마, 이 그림은 집에서만 그리는 그림이야.
학교에서나 다른 곳에서 그리면,
친구들이 내가 그림을 못 그리는 줄 알아.
다른 데서는 다른 사람이 인정하는 그림을 그려야 해."란다.
"엄마는 네가 마구마구 자유롭게 떠오르는 대로 그리는
이 그림이 너무 멋져. 엄마가 인정하잖아."
"그건 엄마 생각일 뿐이고."
주호는 집 밖에서는 졸라맨을 그리지 않는다.

전투 (태인 13)

미술교육학자 브렌트 윌슨은 어린이의 경험과 문화, 주변적 이야기도
미술계의 순수한 작품 못지않게 중요하다고 말한다.
그는 학교에서 미술 교사들이 가르치고자 하는 것들이 어린이의 삶에서
얼마나 실현되고 있는가를 질문하며, 어린이의 경험과 문화를 근간으로 한
미술 활동을 연구했다.

낙서할 줄 아시나요?

노트 형식의 커다란 캔버스에 그림을 그리고 글을 쓴 현대 미술작가 마이클 스코긴스 Michael Scoggins는 어린이의 시선으로 작업했음을 밝혔다. 우리가 아이였을 때, 노트가 훨씬 커 보였음에 착안했다는 그의 작품은 마치 거인의 일기장을 보는 것 같다. 나의 학원에서는 한창 그의 작품을 모티브로 자유로운 낙서 그림을 진행하고 있었다. 나도 커다란 스프링 노트의 느낌이 나도록 구멍을 뚫은 전지를 준비해 낙서하는 수업을 준비한 날이다. 3학년이던 나윤이와 예림이는 까르르 웃으며 낙서를 시작했다. 그러나 5학년인 은희는 조금 다른 질문을 한다. "낙서? 낙서를 어떻게 해요?" 은희는 좀처럼 시작하지 못하고, 엉망이 될 것 같은지 이리저리 고심했다. 아마도 은희에게는 3학년 동생들의 낙서가 귀여우면서도 철없어 보인 것 같다.

"은희야, 그냥 편하게 낙서해봐. 선생님도 오늘 함께 낙서해봐야겠다." 나는 노트 한 장을 가져왔다. 그런데 아무거나 그린다는 것은 정말 어려운 일이었다. 낙서도 좀 멋져 보이고 추상화처럼 세련된 그림이어야 할 것 같은 부담이 들었다.

"은희야, 낙서 정말 어렵다. 뭔가 잘해야 할 것 같아서."

"저도요. 아… 그냥 다른 거 그리면 안 돼요?"

나와 은희는 낙서가 영 어색하여 서로 웃었다. 자유롭게 낙서하는 교사의 모습을 보이고 싶었지만, 억지로 연기하고 싶지는 않았다. 그냥 솔직히 나도 낙서가 어렵다는 걸 보여주고 싶었다. 선생님도 공감한다는 걸. 그래도 시간이 지나자 은희는 예쁘게(?) 낙서했고, 나윤이와 예림이는 연신 자유로웠다. 어떤 형태를 그려도 되고, 어떤 색을 써도 되고, 어떤 글을 써도 되는 낙서에 3학년 아이들은 오늘이 최고 좋은 날이라며, 자유로이 깔깔 웃었다.

아이들은 자라면서 주변을 의식하고, 어른을 의식한다. 다른 사람이 내 그림을 어떻게 볼까, 이 그림이 틀리면 어떡하지? 하면서 "이렇게 해도 돼요?"라고 묻는다. 나의 그림이지만 좀처럼 자유롭지가 않다. 본능처럼 자유롭게 시작한 낙서의 미술은 자라면서 정갈해지는 반면 순수한 내면의 것을 표현하는 일은 어려워진다. 게다가 학원이라는 공간은 미술이라는 창조적이고 창의적인 작업을 위해 노력하는 곳임에도, 교사가 가르침을 전수하고 어린이가 배우는 형태의 수업을 하게 된다. 하지만 나는 배움의 미술뿐 아니라 자발적인 미술(자유로운 내면의 낙서, 공상, 상상)을 꺼낼 수 있기를 진심으로 바란다. 그런 미술은 어린이들에게 참잘 어울린다.

그날 나는 낙서를 하지 못했다. 좀처럼 낙서를 어려워하는 내게 나윤이가 말했다. "선생님, 선을 하나 그냥 그리면서 시작해보세요." 나윤이는 미소를 머금고, 충만한 다정함을 보였다. 그날은 나윤이가 내 선생님이었다.

드로잉의 쓸모

'매일 스케치북을 들고 다녀라!' 드로잉의 중요성을 설파했던 레오나르도 다빈치의 말이다. 나는 그가 남긴 위대한 작품보다 늘 휴대하던 드로잉 노트를 좋아한다. 다빈치는 어디를 가든 언제나 그림을 그릴 수 있도록 작은 수첩부터 공책까지 여러 크기의 드로잉 노트를 가지고 다녔다고 한다. 모든 자연을 호기심 어린 눈으로 바라보고, 관찰하고, 생각한 내용을 드로잉 노트에 자세히 기록했다. 모두에게 주어진 자연을, 다빈치는 더 많이 만끽하고 더 많이 관찰하고 상상했을 것이다. 만약 그가 드로잉 노트를 가지고 다니지 않았더라면 「모나리자」도, 「최후의 심판」도, 그의 상상도 먼지처럼 사라지지 않았을까.

다빈치는 제도교육을 받은 인물은 아니지만, 새를 보며 날개가 있으면 인간도 하늘을 날 수 있을 것으로 생각해 하늘을 나는 기구를 그리고 연구했다. 해부학, 발명, 과학, 수학, 무기 제조 등 다양한 분야를 탐구했고 많은 영역에서 전문가나 다름없었다. 무려 500년을 미리 내다본 그의 노트 속엔 예술과 과학의 경계가 자유로이 넘나들었다. 다빈치는 1478년에 자동이동 카트를 설계했고, 원래의 형태로 돌아가려는 스프링의 성질을 이용해 카트를 움직이는 데 성공했다. 핸들 각도를 미리 작동해 원하는 길로 이동도 가능했다. 자동차가 발명되기도 전의 일이지만, 사람의 조종 없이 이미 원하는 길로 이동할 수 있다는 생각은 현재 '자율주행'의 목표와도 같다. 그의 상상을 담은 수많은 드로잉은 후대에 비행기로, 헬리콥터로, 탱크로, 잠수함으로 발전된 것은 유명하다.

이것의 비밀은 그의 노트 아니었을까? 그는 언제나 노트를 들고 다니며, 미래 시대에나 있을 법한 많은 드로잉을 남겼다. 그렇다면 이 같은 드로잉은 다빈치만이 가능한 걸까? 아이들의 노트를 살펴보자. 다빈치가 던진 질문에 대한 답들은 사실 아이들에게서 찾을 수 있다.

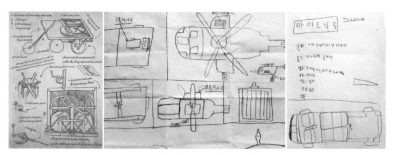

레오나르도 다빈치가 스프링의 성질을 이용해 만든 자동 이동카트 스케치(좌)
주호가 만들고 싶은 차박매트 사업의 디자인(우)

사실 모든 호기심과 질문에 아이를 빼놓을 순 없다. 아이들은 호기심의 대가다. 세상에 호기심이 가득하여 질문이 많다. 이야깃거리가 솟아난다는 것은 아이들에게 있어 당연하고 자연스러운 일이다. 세상에 질문이 없어진 어른과는 달리 아이들은 질문과 상상력을 통해 성장한다.

누군가는 숙제하고 놀기에도 바쁜데 노트에 그림을 그린다는 게 말도 안 된다고 생각할 수 있다. 그러나 아이들이 빈 시간을 어떻게 활용하는지 살펴보라. 아마 휴대폰을 사용하고 있을 것이다. 이 점은 이 책 전체에서 여러 번 강조할 수밖에 없는 부분이다. 미술 수업을 하며 나는 아이들이 '독립적으로 생각하기'에 점점 더 어려움을 겪는다는 사실을 알게 되었다. 정보가 과잉되고, 빠르게 답을 찾고, 하루에 많은 과업을 행하지만 스스로 생각하는 것은 더 어려워지는 환경이다.

화가이자 비평가인 존 러스킨은 드로잉을 사물에 대한 관찰과 사유의 밀도를 높이는 유용한 수단으로 보았다. 이어 드로잉하려면 정교하고 예리하게 관찰하는 '눈'과 유연하고 가벼운 움직임의 '손'이 필요하다고 말했다. 당신의 아이는 현재 드로잉과 시간을 보내고 있는가? '눈과 손의 움직임을 경험'하는가?

학업에 집중되기 이전의 아이들을 보면, 종이에 그림을 그리고 글을 적으며 낙서를 해왔다. 상상과 생각을 기록해온 거다. 종종 자신의 창작물을 엄마나 아빠에게 달려와 보여주었다. 그때마다 엄마와 아빠는 쓸데없거나 시간 낭비라는 반응이 아닌, 순수한 상상과 표현의 가치를 알아봐 주었을 것이다. 혹시 여전히 예전에는 그런 시간을 보냈지만, 지금은 종이에 그림을 그릴 때가 아니라고 생각하는가? 그렇다면 상상과 생각을 종이로 옮기는 시간을 무의미한 것으로 만들어가는 건, 우리 어른인 것 같다.

수업에서 나는 아이들에게 상상하고 생각할 틈을 마련해주고자 애쓴다. 상상은 아이들에게 참 잘 어울리는 행위이며, 상상하는 행위는 아이가 성장하는 데 꼭 필요한 자양분이 된닫고 믿는다. 미술 시간조차도 이 시간을 마련하는 것은 용기를 필요로 한다. 완벽하게 색칠까지 한 그림을 '미술 했다'라고 생각하기 때문이다.

Drawing의 Draw는 '그리다'의 의미이며 사전적으로 '끌어내다'라는 뜻을 내포한다. 세상을 관찰하여 '자신만의 생각을 끌어내어 그리는 것'을 말하는 것이다. 이는 세상의 본질을 파악하는 것이다. 즉, 드로잉을 통해 '관찰력'과 '사고력'을 모두 키울 수 있다. 드로잉은 완성을 목표로 하는 것이 아니라 미완의 것으로 남더라도 아이디어와 개념 자체를 담기 때문이다.

하준이의 상상 검

위대한 예술가, 과학자, 사업가들은 노트에 그림을 그리고 글을 썼다. 아인슈타인은 창조적인 일을 위해서는 지식보다 상상력이 더 중요하다고 말했으며, 지식은 상상력을 통해 달성된다고 믿었다. 그리고 드로잉은 아이디어와 지식을 통합하고 연결하는 강력한 도구다. 아이들은 드로잉으로 자신의 지식과 경험을 하나의 조각으로 압축하며, 종종 단어와 텍스트만으로 할 수 있는 것보다 더 많은 것을 전달한다.

빌 게이츠는 다빈치가 1506~1507년에 작성한 72쪽 분량의 노트를 3,000만 달러(약 359억 원)에 구입했다. 그의 생각을 통째로 알고 싶었던 것일까. 나는 빌 게이츠가 다빈치의 '상상력'을 산 것으로 생각한다. 우리 아이들에게 드로잉을 격려하면 어떨까. 지식을 심어주는 데에 그치지 않고 지식을 연결하고 활용할 시간을 허락하는 건 어떨까. 지금도 우리 주변의 아이들은 끊임없이 묻는다.

"왜요?"

빌 게이츠가 구입한 다빈치의 노트에도 이런 글이 있다.

'하늘은 왜 파랄까.'

다빈치의 드로잉 노트

서예, 시은, 시현, 희찬이의 드로잉 노트

어린이 말씀

나는 연일 터지는 인공지능 창작 이슈들에 왠지 모를 씁쓸함을 느낀다. 미래에도 사라지지 않을 대표 직업이 예술 분야라고 믿어 왔는데, 인공지능이 창작을 하다니! 손으로 그리는 그림을 가르치는 나로서는, 내가 가르치는 미술이 다른 세상의 미술이 된 것만 같다. 이제 어떻게 미술을 가르쳐야 할까. 아이들은 미술에서 무엇을 배워야 할까. 미술을 배운다는 게 무의미해지고, 창작의 시간은 불필요해지는 게 아닐까.

당시 나는 박사과정 중이었고, 연구를 통해 이런 기대와 우려를 풀어가 보고 싶었다. 그러니까 나의 궁금증을 토대로 인공지능을 활용한 아동의 미술창작 경험을 연구해 볼 참이었다. 그런데 교수님이 말했다.

"아이들은 창작을 어떻게 생각하나요? 물어본 적 있나요?"

"(창작? 아이들이 뭐 그냥 하는 거지. 특별한 생각은 없을 텐데… 교수님이 어린이를 잘 모르네!) 글쎄요. 아이들이 뭐라 말할지는 모르겠는데, 대답하지 못할 것 같아요. 그런 추상적인(?) 개념에 대해서는 말하진 못할 거 같은데요."

나는 교수님 물음에 당황해 얼버무린 답을 했다.

"왜요. 그건 선생님 생각이잖아요. 아이들한테 안 물어봤잖아요. 먼저 물어봐야 할 것 같은데요?"

집에 돌아와서도 아이들에게 창작을 묻는다는 것이 '연구답지 않다'라고 생각했다. 그런데 생각을 곱씹으니, 정말 나는 아이들이 창작에 대해 어떻게 생각하는지 몰랐다. 아이들에게 미술을 가르치고 있으며, 어린이로부터 출발하는 미술교육을 고민하면서도 그들의 목소리를 정중히 들어보려 한 적이 없었다. 묻지 않았다. 묻지 않았으니, 들은 적이 없는 거다.

나는 '어린이의 창작에 대한 생각'을 인터뷰하기 시작했다. 아이들이 뭐라 대답할지 전혀 예상하지 못한 채 기대와 걱정이 뒤섞인 마음으로. 인터뷰는 원장실이나 사람이 없는 로비에서 은밀히(모두 아는 일이었지만)진행되었다. 수업보다 일찍 온 아이들에게, 수업 중 쉬는 시간을 틈타 긴밀하게 진행했다.

"창작이 뭐라고 생각해?"라는 다소 추상적이고 당황스러운 질문을… 용기 있게 꺼냈다. 그런데 아이들은 대체로 이렇게나 선명하고 기특한 대답을 했다.

"상상하고 만드는 거요.", "머릿속에 있는 거를 하는 거요.", "원래 없던 방식이나 물체를 나의 머리를 이용해서 만드는 거요.", "나만의 기법으로 뭔가 그리고 만드는 거요.", "… 미술이요? 미술 같은데.", "머릿속에서 하는 창작도 일종의 창작이에요. 시간과 물질의 한계가 없는 최고의 창작."

아이들은 내게 창작을 알려주기 시작했다. 그들이 말한 창작은 수업 때보다 훨씬 주도적이고 자발적인 모습이었다. 나는 그들의 말에서 '배우는 미술'이 아닌 '자발적인 창작'이 궁금해졌다. 아이들은 말을 이어갔다.

"제가 좋아하는 걸 그려요. 캐릭터를… 나만의 생각으로 내가 만들고 싶은 거를 그리거나 하니까 좋은 거 같아요.", "주로 종이접기로 신기한 걸 만들어요, 제가 종이접기를 개발할 때 되게 자랑스러워요."

아이들은 인형 옷을 만들거나 상상 속 풍경, 꿈이나 비현실적인 것 그리고 글과 그림이 담긴 책을 만들기도 했다. 유튜브나 검색을 통해 방법을 찾아 모방하기도 하고, 새롭게 아이디어를 추가하고 감하면서 스스로 해결책을 찾았다. 또한 자신에게 소중한 보물 같은 것(어른의 눈에는 다소 엉뚱하거나 무용하게 생각될 수도 있는 것들)들을 창작하고 있었다. 그들은 이 창작을 통해 해방감이나 성취감, 만족감을 느끼는 것 같았다.

지원이의 말은 더없이 진지했다. "맨날 스트레스 때문에 넘지 못했는데, 미술을 하면 상상해서 넘는 느낌이에요." 영준이의 말은 비장함과 약간의 흥분을 포함했다. "'로버트 피거슨'이란 책을 만들고 있는데, 솔직한 마음을 담아서 만드니까 뭔가 소름이 돋아요. 아니 내가 이걸 어떻게 이렇게 만들었지? 그리고 시원해요. 제 마음을 딱 담는 거니까." 자신의 창작품을 설명하기 위해 열 손가락을 동원하면서까지 설명해주었다. 민성이의 말에서는 성심이 느껴졌다. "흐뭇해요. 내가 그걸 만들어내기 위해 시간과 노력을 썼으니까." 영우는 시원하게 대답했다. "그냥 좋아요. 재밌어. 계속할 때 힘들기도 하지만."

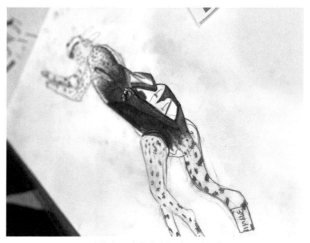
지원이는 어떤 상상을 하고 있을까

인터뷰 시간은 짧지만 강렬했다. 나는 아이들의 눈을 오래 바라봤다. 아이들은 자신의 창작에 대해 말할 때 상기되고 흥분하거나, 비장하고 근엄했다. 활동이 마음대로 되지 않거나 망쳤을 때, 동생이 간섭하거나 학원에 가야 해서, 숙제해야 해서 시간이 없을 때, 재료가 없어서, 엄마

201

가 못 하게 해서를 말할 때는 어깨가 처지고 고개를 떨구었다. 목소리는 체념한 듯 힘이 없었다. 그러다가도 다시 무언가를 만들고 그릴 계획을 말할 때는 설렘과 비장함이 포함됐다. 내 마음도 몽글몽글 부풀어 올랐다. 미술은 내가 더 오래 했는데, 아이들이 창작을 깊숙이 경험하고 알고 있다는 느낌을 지울 수가 없었다.

나는 인터뷰에서 '자신과 창작의 관계'를 말하던 아이들의 진지하고 정직한 눈을 여기저기 자랑하고 싶다. 우리가 아는 미술보다 훨씬 다양하고 고유한 미술이 아이 안에 있었고, 나는 미술이란 것이 너무나 괜찮게 느껴져 어깨가 으쓱해졌다. 또 아이들에게 미술이 존재해서, 미술에게 고마웠다. 교육은 수직적으로 현장에 적용되고, 지식은 주로 어른에게서 어린이에게로 흘러간다. 우리는 하루를 살아내느라 바쁜 나머지 아이들에게 의견을 묻지 않고, 아이들의 말을 듣지 않을 때가 많다. 나도 연구가 아니었더라면, 이렇게 아이들의 이야기를 집중해서 들어보지 못했을 것이다. 뜨겁게 인터뷰하던 그해 가을, 나는 두 가지를 결심했다.

첫째, 아이들에게 창작의 시간을 챙겨줘야지.
둘째, 아이들의 말을 잘 들어야지.

존 듀이는 '어린이의 미술 활동은 단지 무엇이든 손에 잡히는 것을 탐색하고 경험하고 작업하는 것처럼 보이지만, 이런 행위에서 느끼는 감각적인 인상은 중요한 경험이며 이는 이성적 사고와 연결된다'라고 말했다. 교육은 어린이를 위한 생동적인 경험이어야 한다는 것이다. 우리가 이 시간을 무용하게 여기지 않는다면, 모든 아이가 '생각하는 힘, 창조하는 손'을 획득할 수 있으리라 믿는다. 미술은 아이들이 빛나는 고유함을 펼칠 수 있을 만큼 안전하고 넓으니까.

집에서의 자발적 창작.
빈 시간을 유튜브와 게임 대신, 창작의 시간으로 내어주길 바라본다.

우리 집 예술가

주호는 택배 박스를 이용해 아이언맨 슈트를 만들었다. 이리저리 휘청이며 몸의 둘레를 재고, 박스 테이프를 붙여가며 얼굴, 몸통, 팔다리를 등을 만들었다. 과정을 지켜보진 못했지만, 몸의 뼈대를 염두에 두고 제작한 것은 분명하다. 슈트에 구현된 미사일 같은 기능도 볼만하다.

그러나 몇 가지 단점이 있다. 이 슈트는 누군가의 도움 없이는 착용할 수 없으며, 착용할 때마다 슈트를 고정하고 있는 테이프가 떨어져 나가서 새로 붙여야 하는 수고가 있다. 게다가 이 슈트를 만들기 위해 고군분투했던 주호의 방은… 상상에 맡기겠다. 주호는 슈트를 입고 벗을 때마다 끊임없이 개선하고 수정했다. 스스로 문제를 해결하며, 얼마나 스스로 감탄했는지 모른다.

"아빠, 샤워기로 물 뿌려줘! 자, 내가 시작하면… 그때야!"

그의 마지막은 욕실에서 물을 맞으며 너덜너덜해지는 슈트 퍼포먼스였다. 나는 이 재미있는 장면을 놓칠 수 없어서 다급히 영상으로 기록했고, 남편과 나는 호탕하게 마주 웃었다. 당시 과제로 지쳐 있었는데 주호가 모든 에너지를 소진하면서까지 창작을 즐기는 모습에 생기로워지는 기분이었다. 자신의 창작으로 다른 사람의 감정을 움직이는 것. 어! 이건 바로 미술가들이 하는 일인데. 그러고 보니 주호의 창작이 최근 본 전시 중 가장 심쿵했네.

아이들은 다양한 경험과 지식이 쌓일수록, 이것을 연결하여 무언가를 만든다. 사부작사부작 무언가를 만들며, 활발한 사고과정을 하는 것이다. 주호가 만든 작품은 결국 폐기되고, 핸드폰 사진첩에 저장될 뿐이지만, 그 과정은 마음속에 차곡차곡 스밀 것이다. 가끔 사진첩을 보면 타성에 사로잡혀 있는 나를 구해주는데, 아들의 마음도 구해줬던 것만 같다.

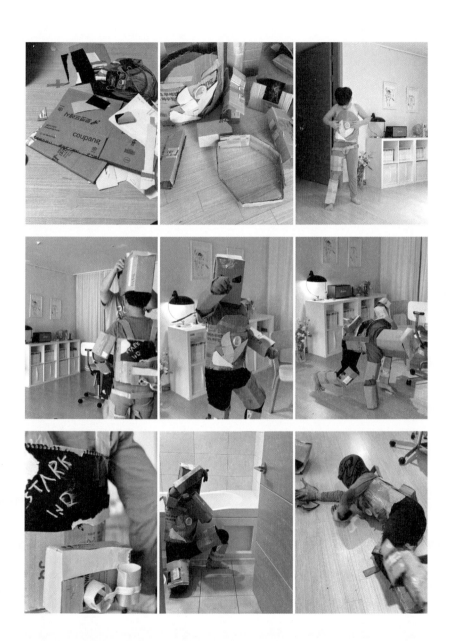

: 나는 왜 썼는가?

이 책을 쓰는 데 약 3년이 걸렸다. 매일 쓴 건 아니지만 안 쓴 적도 없는 그런 날들을 보냈다. 어린이 미술을 말하고 싶은 마음에서 출발했다. 나는 어린이를 위한 책을 쓴다고 생각했다. 그런데 어느 시점에는 나 자신을 위해 쓰고 있다는 걸 알았다. 나의 일을 한번 정리하고 싶었던 것 같다.

나는 글을 쓰며, 관객이 되어 나를 들여다보았다. 책을 쓰는 기간은 어린이의 나, 엄마의 나, 교사의 나, 원장의 나를 마주했다. 어린이 시절의 나는 미술을 참 좋아했다. 당시 나의 미술 활동 기억은 기술적 연습에 치중되어 있었고, 미술관도 제대로 다녀본 적 없이 미술을 배우고 자랐지만, 어쨌든 나는 그리는 시간을 좋아했다. 연필의 소리, 냄새를 그때부터 애정했다. 나는 과거로 돌아갈 수 있다면, '어린이의 나'로 돌아가 나의 그림을 그리고 싶다. 그다음 그 그림들을 현재로 가져오고 싶다. 말도 안 되는 생각이지만, 그만큼 어린이 시절에 그릴 수 있었던 '어린 나의 그림'이 궁금하고, 보고 싶다.

내가 잘한 일을 꼽으라면 '엄마가 된 것'이다. 엄마가 되지 않고서는 도저히 어린이 미술을 이해할 시선을 갖지 못했을 것이다. 나는 엄마가 돼서야, 어린이 미술에 존중과 안정을 보낼 수 있는 마음을 갖게 되었다.

나는 아들 주호의 미술을 좋아한다. 주호에게 미술만큼은 바르게 안내한 것 같아서, 가끔 나 자신에게 감격할 정도다. 그리고 마법이 있다면 나의 엄마와 아빠가 나의 자녀로 태어났으면 좋겠다. 나의 엄마와 아빠를 미술로 사랑스럽게 키워주고 싶다. 한 가지 더 잘한 일을 말하자면 '미술 교사가 된 것'이다. 미술 교사가 되었기 때문에 나는 어린이와 시간을 보낼 수 있다. 이것은 좋은 점 투성이다.

어린이. 어린이는 나를 좀 더 나은 삶으로 이끌어준다. 나는 어린이와 있을 때, 멋진 사람이 되는 것만 같다. 그들은 나를 교사로 만들어주며, 세상의 때를 없애고 순수하게 미술을 바라보게 한다. 나는 수업을 할 때보다 내가 괜찮다고 느낄 때가 없으며, 어린이들과의 나는 현실에서보다 정갈하며 멋지다. 그러니 어린이를 좋아할 수밖에 없고, 이 일이 소중할 수밖에 없다. 이 일은 분명히 나를 더 나은 방향으로, 더 괜찮은 사람으로 만들어준다.

마지막으로 내가 가장 못 한 일은 '원장으로서의 나'이다. 나는 내가 눈치채지 못할 정도로 자만이 가득한 사람이란 걸 알아갔다. 학원을 운영하며 딸려오는 다양한 역할과 많은 책임을 감내할 그릇이 아니라는 걸 느낄 때마다 고통스러웠다. 세상 법을 몰라 실수도 있었고, 어른답지 못한 작은 모습도 보였다. 보고 싶지 않은 내 모습을 보았고, 알고 싶지 않은 세상을 알았다.

마지막 글을 쓰며, 나는 이렇게 고통스럽고 힘든 글을 왜 쓰고 있는지도, 이제야 이해했다. 나는 더 나은 내가 되고 싶어서 글을 쓴다. 일상을 점검하고 털어내기 위해, 겉으론 괜찮아 보이지만 그렇지 않은 내면을 돌보기 위해 완고해진 내가 말랑해지고자 글을 쓴다.

글을 통해 불순한 생각을 가라앉히고, 어린이를 대할 정갈한 마음가짐을 얻는다. 나는 어린이에게 어떻게 교육할지를 고심하면서 별로인 내가 조금 더 나아진다는 걸 안다. 나만의 이야기가 아니길 소원하며 책으로 낸다. 이것이, 이 작은 글을 쓴 이유다.

책의 마지막엔 감사한 사람들을 적던데, 나는 그게 좀 형식적으로 보였던 적이 있다. 그런 나였는데, 감사한 마음을 적지 않을 도리가 없다. 부족한 글에 용기를 준 슬로디미디어 출판사, 지평을 넓혀주신 교수님들, 책쓰기 모임 지여우 작가님들, 언제나 든든한 친구들과 동기들, 존경하는 '도화지는 생각중'의 교사들, 애정하고 신뢰하는 어린이들, 친애하는 학부모님들, 자매라고 오해받는 부원장님, 쿨한 며느리를 배려해주는 어머님과 시댁 가족들, 하늘에 있는 아버님 그리고 나의 아빠, 자주 연락드리지는 않지만 사랑하는 엄마, 내 전화를 좋아하는 언니, 어린이 미술을 알려준 창작꾼 주호, 괴로울 만큼 내

210

글을 여러 번 읽은 남편. 충만히 감사합니다.

2024년 11월 어느 오전에

김민영

참고 문헌

· 김이경·김진성·박성열 외, 『쓰고 잇고 읽는』, 홍성사, 2021

· 신기율, 『은둔의 즐거움』, 웅진지식하우스, 2021

· 신유미·시도니 벤칙, 『프랑스 아이는 말보다 그림을 먼저 배운다』, 지식너머, 2015

· 제시카 호프만 데이비스, 『왜 학교는 예술이 필요한가』, 열린책들, 2013

· 서울교대미술교육연구회, 『미술교육이론과 사상』, 교육과학사, 2011

· 존 러스킨, 『존 러스킨의 드로잉』, 다산북스, 2011

· 이규선 외, 『미술교육학개론』, 교육과학사, 1998

· 로웬펠드, 『인간을 위한 미술교육』, 미진사, 1993

· 곽덕주·서정은(2020), 「'문화-예술-교육'의 의미와 그 개념적 관련성 고찰:예술에 대한 탈근대적 이해 및 그 교육적 가치를 중심으로」, 문화예술교육연구, 15(5), 29-56

· 박정애(2019), 「미술교육의 근대화에 대한 고찰과 재해석」, 미술과 교육, 20(4), 1-16

· 김성숙(2018), 「F·치젝의 창조적 자유화 미술교육 고찰」, 미술교육연구논총, 52, 229-256

· 김미남(2015), 「미술교육 극한의 재고와 그 확장 가능성 실천에 대한 탐구:들뢰즈의 '기관 없는 신체' 개념의 이해와 적용」, 조형교육, 53, 27-51